WISSEN *leicht gemacht*

DIE GROSSEN
PHYSIKER

Georg Feulner

Compact Verlag

Chefredaktion: Evelyn Boos
Redaktion: Maren Richter
Produktion: Wolfram Friedrich
Abbildungen: Lidman Productions, Stockholm;
Gruppo Editoriale Fabbri, Mailand
Titelabbildungen: Gruppo Editoriale Fabbri, Mailand (1);
dpa-Picture-Alliance, Frankfurt (3)
Gestaltung: Axel Ganguin
Umschlaggestaltung: Hartmut Baier

ISBN 3-8174-5918-1
5459181

Besuchen Sie uns im Internet: www.compactverlag.de

Inhalt

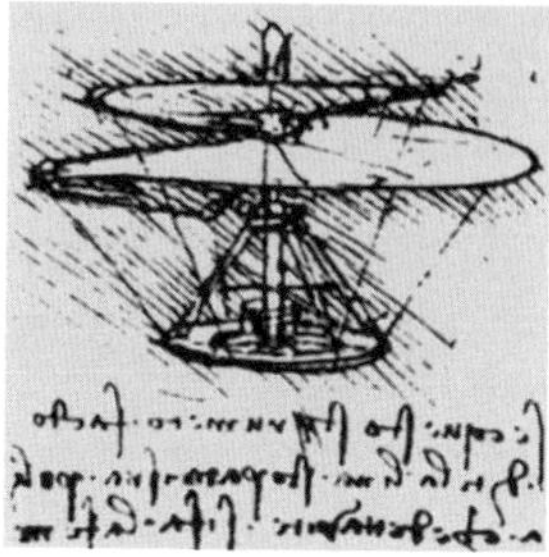

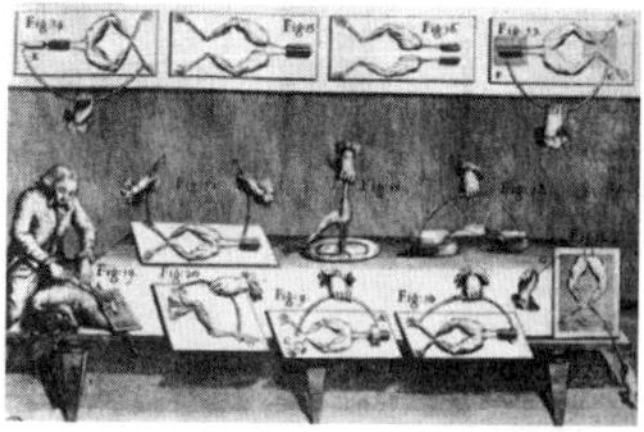

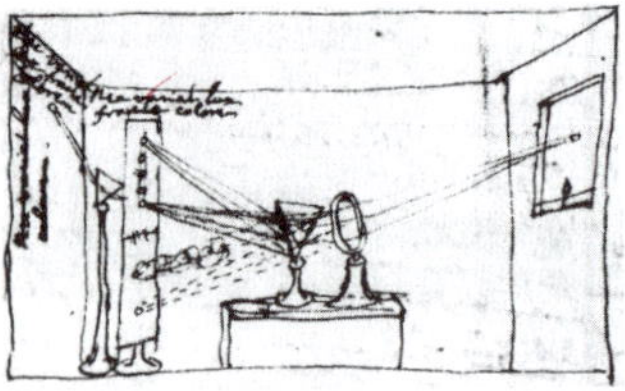

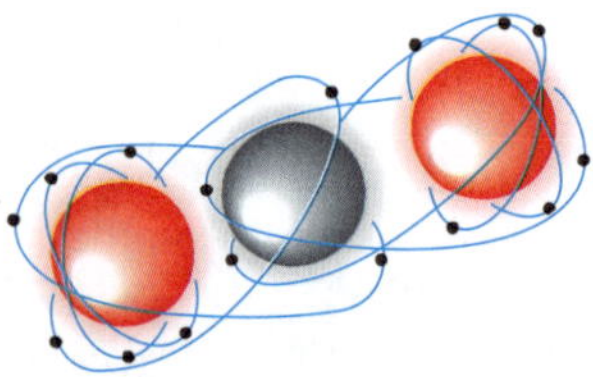

Antike

Die Physik beschäftigt sich mit der Erforschung der unbelebten Natur. Ihr Ziel ist es, Vorgänge in der Natur experimentell zu erfassen und durch mathematische Gesetze allgemein gültig zu beschreiben. Bereits die Naturphilosophen der Antike haben sich mit der Beschreibung und Erklärung physikalischer Sachverhalte auseinander gesetzt. Obwohl die eigentliche Geschichte der Physik erst später beginnt, so waren diese Vorarbeiten doch wichtige Voraussetzung der späteren Entwicklung und sollen daher hier geschildert werden.

Archimedes

Eine Erklärung der Natur

Bei den griechischen Naturphilosophen trat die religiöse Motivation früherer Zeit zunehmend in den Hintergrund und wurde von einem reinen Streben nach Erkenntnis abgelöst. Wissenschaft war nicht mehr allein Mittel zum Zweck, sondern hatte für sich eine Daseinsberechtigung. Zudem wird die Natur in der Vorstellung der griechischen Philosophen nicht von personifizierten Gottheiten gelenkt, sondern gehorcht ihren eigenen Gesetzen, die ihren Ursprung in der Materie selbst haben. Dies war ein wichtiger Schritt hin zu physikalischen Theorien der materiellen Welt. Ein weiterer wichtiger Charakterzug der griechischen Naturphilosophie ist die immer größere Bedeutung der Mathematik. Geometri-

! Naturphilosophen

Demokrit
(um 460–ca. 375 v. Chr.)
Platon
(um 427-347 v. Chr.)
Aristoteles
(384-322 v. Chr.)
Euklid
(um 365-ca. 300 v. Chr.)
Archimedes
(um 285-212 v. Chr.)
Eratosthenes
(276–195 v. Chr.)
Heron von Alexandria
(um 20–ca. 62)
Claudius Ptolemäus
(um 85–ca. 165)

! Demokrit

Die antiken Naturphilosophen machten sich nicht nur Gedanken über den Aufbau des Universums, sondern dachten auch über die Struktur der Materie an sich nach. Für Demokrit (um 460–ca. 375 v. Chr.) war die materielle Welt aus kleinsten, unteilbaren Teilchen aufgebaut, die er nach dem griechischen Wort für unteilbar „Atome“ nannte. Diese Vorstellung, ja selbst die Bezeichnung „Atom“ ist bis in die heutige Zeit erhalten geblieben, auch wenn wir heute wissen, dass die Atome nicht unteilbar, sondern aus noch kleineren Elementarteilchen zusammengesetzt sind.

sche und arithmetische Gesetzmäßigkeiten wurden in der Natur erkannt und bildeten die Grundlage für die in den folgenden Jahrhunderten ausgearbeitete mathematische Beschreibung der Natur.
Neben Erklärungsversuchen für die sie umgebende irdische Welt trat bei den griechischen Naturphilosophen der Versuch einer Deutung der Himmelsphänomene im Rahmen eines Gesamtbildes des Universums in den Vordergrund. Die dabei entwickelten Weltbilder, die in gewisser Hinsicht die Kosmologie begründen sollten, beeinflussten die europäische Astronomie bis ins späte Mittelalter nachhaltig.

Platon

Die griechische Naturphilosophie erreichte mit Platon (um 427–347 v. Chr.) einen ersten Höhepunkt. Sein wesentlicher Beitrag bestand in seinem Modell des Himmels, der durch ideale geometrische Körper beschrieben werden kann. Für Platon war eine harmonische Weltordnung mit kugelförmigen Himmelskörpern auf kreisförmigen Bahnen selbstverständlich. In seinem Weltbild steht die Erde im Mittelpunkt, während Mond, Sonne, die anderen Planeten und schließlich die Fixterne um sie kreisen. Platons Weltbild stellt ein wichtiges Vorbild dar, das nachfolgende Naturphilosophen maßgeblich prägte.

Platon

Aristoteles

Aristoteles (384–322 v.Chr.), die zweite große Lichtgestalt der antiken Naturphilosophie, erweiterte diese Vorstellung um seine Ele-

? Schon gewusst?

Eratosthenes (ca. 276–ca. 195 v. Chr.) berechnete als Erster den Umfang der Erdkugel mit einiger Genauigkeit. Dazu bestimmte er die Länge des Schattens eines Stabes, die er mittags am Tag der Sommersonnwende in Alexandria maß. Da er wusste, dass am gleichen Tag die Sonne in Syene senkrecht am Himmel steht, also überhaupt keinen Schatten warf, konnte er aus dieser Winkeldifferenz und dem Abstand zwischen Alexandria und Syene den Umfang der Erde bestimmen und gelangte so zu einer Vorstellung der tatsächlichen Größe der Erdkugel.

mentenlehre, die den Kosmos in zwei Bereiche teilt, die von der Sphäre des Mondes getrennt werden. In der unteren, der „sublunaren" Welt ordnen sich die Elemente Feuer, Wasser, Luft und Erde gemäß ihrer Schwere an, wobei die Erde als schwerstes Element zum Mittelpunkt der Welt strebt und den Erdkörper bildet. Die Himmelskörper aber, die sich jenseits der sublunaren Welt befinden, bestehen aus dem fünften Element, dem Äther.

Diese Sicht der Welt ist sehr bemerkenswert, weil sie aus den Eigenschaften der Körper ihr Verhalten abzuleiten versucht. Die Neuartigkeit dieses Ansatzes, mit seiner scheinbaren Erklärung des Schwerkraftphänomens, war sicherlich mit verantwortlich für das lange Festhalten der europäischen Naturphilosophen an der aristotelischen Physik.

Aristoteles

Euklid

Euklid (um 365–ca. 300 v.Chr.) war einer der bedeutendsten Mathematiker der Antike. Sein Lehrbuch *Elemente*, prägte nachfolgende Generationen von Mathematikern über Jahrhunderte und war nach der Bibel das am weitesten verbreitete Buch. Daneben befasste sich Euklid auch mit physikalischen Phänomenen, insbesondere mit der Ausbreitung von Licht. Er erkannte die geradlinige Ausbreitung von Licht (Lichtstrahlen) und das Reflexionsgesetz, wonach bei der Reflexion von Licht an einer Oberfläche der Eintrittswinkel gleich dem Ausfallwinkel ist. Damit kann Euklid als einer der Begründer der geometrischen Optik gelten.

Archimedes

Archimedes

Einer der bedeutendsten Mathematiker und Physiker der antiken Welt war sicherlich Archimedes (um 285–212 v. Chr.). Auf dem Gebiet der Mathematik beschäftigte er sich mit der Bestimmung der Kreiszahl π, mit dem Flächeninhalt und Schwerpunkt von „Kegelschnitten" (Ellipse, Hyperbel und Parabel) und mit geometrischen Körpern. Physikalisch interessierte er sich für mechanische Probleme praktischer Natur.
So beschäftigte er sich intensiv mit dem Hebel, einer drehbar gelagerten Stange, mit der man Lasten leichter bewegen kann als auf direktem Weg. Andere praktische Erfindungen wie den Brennspiegel, mit dessen Hilfe man Sonnenstrahlen in einem sehr heißen Fleck konzentrieren kann, den Flaschenzug zum Heben von Lasten und die Archimedische Schraube zum Hochpumpen von Wasser gehen auf ihn zurück. Er kann damit als ein Begründer der physikalischen Mechanik, die sich mit der Bewegung von Massen beschäftigt, angesehen werden.

! Das Archimedische Prinzip

Berühmt ist Archimedes v. a. für das nach ihm benannte Prinzip über den Auftrieb eines Körpers im Wasser.
Es besagt, dass der Gewichtsverlust eines Körpers im Wasser (sein Auftrieb) gleich dem Gewicht des vom Körper beim Eintauchen verdrängten Wassers ist. Die Legende erzählt, dass Archimedes die Erkenntnis beim Baden gekommen sei.

Heron von Alexandria

Der Mathematiker und Physiker Heron von Alexandria (um 20–ca. 62) war ein wahres Multitalent. Er arbeitete auf so verschiedenen Gebieten wie der Mechanik, Hydraulik, Optik und Vermessungskunde, und gilt als Erfinder zahlreicher technischer Geräte, darunter des Siphons (das einen U-Bogen formende Abwasserrohr sorgt noch heute unter jedem Waschbecken dafür, dass keine Gerüche aus dem Abwassersystem aufsteigen), des Blasebalgs, des Windrades und des Springbrunnens. Bekannt ist er auch für seine Erkenntnisse im Bereich der geometrischen Optik. Er vertrat die Ansicht, dass die geradlinige Ausbreitung von Lichtstrahlen und das Reflexionsgesetz, wonach einfallender und austretender Strahl den gleichen Winkel zur Senkrechten haben, auf ein grundlegendes Prinzip zurückgehen: Nach Heron nimmt Licht immer den kürzesten erlaubten Weg. Als „Prinzip der kürzesten Zeit“ (oder fermatsches Prinzip) sollte Pierre de Fermat (1601–1665) es anderthalb Jahrtausende später in abgewandelter Form zu einem Grundpfeiler der geometrischen Optik machen.

Claudius Ptolemäus

Claudius Ptolemäus (um 85–ca. 165) gilt als der bedeutendste Astronom des klassischen Altertums. Seine Epizykeltheorie der Planetenbahnen, bei der die scheinbaren Unregelmäßigkeiten der Planetenbewegung durch Hilfskreise (Epizykel) beschrieben wurden, war ein Versuch einer exakten Beschreibung der Vorgänge am Himmel. Allerdings basierte sie auf einem geozentrischen Weltmodell, bei dem die Erde im Mittelpunkt des Kosmos steht. Das Hauptwerk des Ptolemäus wurde von den Arabern übersetzt und unter seinem arabischen Kurztitel als Almagest bekannt. Diese überlieferte Verfeinerung des geozentrischen Weltbildes sollte die Astronomie bis ins späte Mittelalter nachhaltig prägen. Doch Ptolemäus war nicht nur Astronom, sondern auch Geograf und Physiker. Seine Leistungen auf dem Gebiet der Erdvermessung machten ihn zu einem Pionier der Geografie. In der Physik beschäftigte er sich der Mechanik, der Akustik und v. a. auch mit der Optik, wo er sich mit der Erforschung der Brechung widmete, also der Ablenkung eines Lichtstrahls beim Übertritt zwischen zwei Medien (z. B. von Luft zu Glas). Er sollte damit ein Wegbereiter für die weitere Erforschung der Lichtausbreitung in nachfolgenden Jahrhunderten werden.

Ptolemäisches Weltbild

Das Mittelalter

Das Mittelalter stellt in der Geschichte der Physik – wie auch in den meisten anderen Wissenschaften – eine Phase der Stagnation vor der eigentlichen Revolution dar. Obwohl es einige wenige Persönlichkeiten gibt, die sich mit einfachen Experimenten der Physik nähern, beschränkt sich das Mittelalter im wesentlichen auf die Wiedergabe und philosopische Interpretation bestehender Kenntnisse in den Werken von Autoren der Antike (soweit diese nicht in Vergessenheit geraten waren).

Roger Bacon

Alhazen

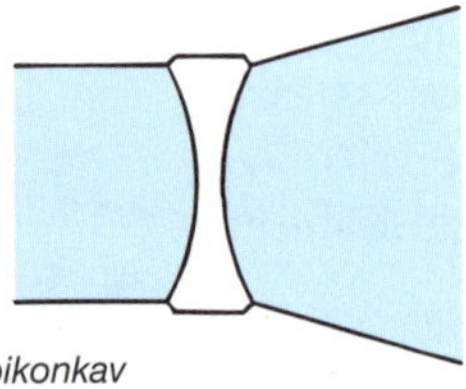

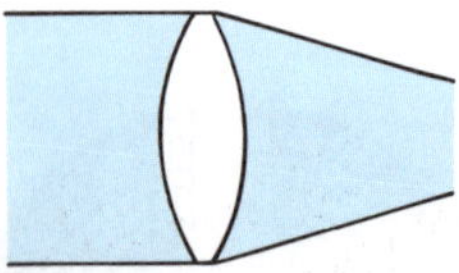

Einer der bedeutendsten Optiker, ja Physiker des Mittelalters war der arabische Gelehrte Alhazen (eigentlich Abu Ali al-Hasan ibn al-Haitham, um 965–ca. 1040), dessen Schriften zur Optik spätere Forscher wie den Engländer Robert Grosseteste (um 1175–1253), den Polen Witelo (um 1230–ca. 1280), v. a. aber Roger Bacon (um 1214–ca. 1292) maßgeblich beeinflussen sollten. Alhazen führte zahlreiche Versuche zur geometrischen Optik durch. So entwickelte er eine Vorstellung von der Wirkungsweise gekrümmter Linsen und Spiegel, untersuchte die sphärische Aberration, eine bei Linsen und Spie-

> **! Naturforscher im Mittelalter**
>
> **Alhazen** (um 965-ca. 1040)
> **Roger Bacon**
> (um 1214-ca. 1292)
> **Pierre de Maricourt**
> (13. Jahrhundert)
> **Johannes Buridan**
> (1300–1358)

geln mit kugelförmiger Oberfläche unvermeidliche Bildunschärfe, und erforschte die Wirkungsweise des menschlichen Auges und des Sehvorgangs.

Roger Bacon

Der englische Naturforscher und Philosoph Roger Bacon (um 1214–ca. 1292) markiert einen ersten Höhepunkt in der Physikgeschichte des europäischen Mittelalters. Als einer der Ersten erkannte er die überragende Bedeutung des experimentellen Forschens. Sein Wirken beschäftigte sich u. a. mit der Optik, also der Lehre von der Ausbreitung von Licht. Dabei erforschte er die Gesetze der Lichtbrechung (also das „Abknicken" von Lichtstrahlen an der Oberfläche von Körpern), beschrieb die Verwendung von Vergrößerungsgläsern sowie die Erscheinungen des Regenbogens und der Luftspiegelung (der „Fata Morgana", italienisch für die „Fee Morgana", die im Volksglauben für diese Erscheinung verantwortlich gemacht wurde).
Offenbar erkannte er auch das Prinzip der Sehkorrektur durch eine Brille, und hatte, wie schon sein Landsmann Robert Grosseteste (um 1175–1253), eine prophetische Vorstellung von der Möglichkeit, mit einem Fernrohr weit entferntes nah heranzuholen. Auf dem Gebiet der Himmelskunde erkannte er die Kugelgestalt der Erde in einem großen Kosmos und wies Fehler im damals geläufigen Julianischen Kalender nach. Weiterhin erkannte er, dass der Frühlings- und Herbstzeitpunkt im Jahreslauf (die so genannten Tagundnachtgleichen) sich mit der Zeit verschieben, eine Erscheinung, die heute mit dem langsamen Wandern der Erdachse im Raum erklärt wird. Schließlich beschäftigte er sich, wie viele seiner Zeitgenossen, mit dem Magnetismus.

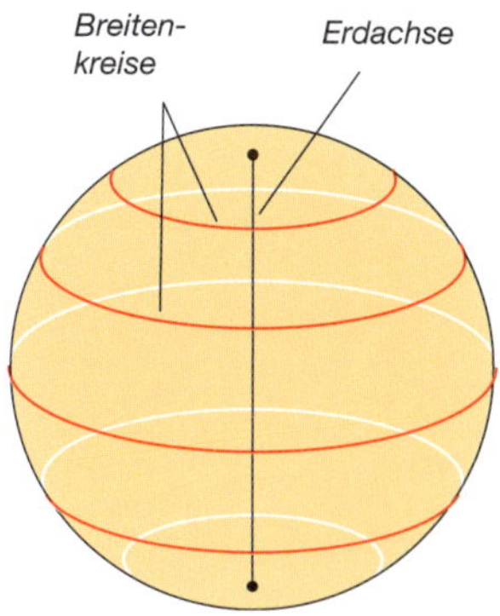

Pierre de Maricourt

Der französische Gelehrte Pierre de Maricourt, auch bekannt unter seinem latinisierten Namen Petrus Peregrinus, lebte im 13. Jahrhundert Er gehörte zu jenen Forschern, die selbst im dunklen Mittelalter ihre Neugier den Phänomenen der Natur zuwendeten. Sein besonderes Interesse galt dem Magnetismus. Die Existenz seltsamer metallischer Erze, die Eisen anziehen, aber untereinander auch abstoßende Kräfte zeigen, war schon lange bekannt. Maricourt war es jedoch vorbehalten, im Jahr 1269 zu erkennen, dass Magnete immer zwei entgegengesetzte Pole haben. Dies gilt auch für das Magnetfeld der Erde, das in etwa in Nord-Süd-Richtung ausgerichtet ist. Auch die Verwendung des Kompasses als Hilfsmittel für die Navigation wurde von Maricourt detailliert beschrieben. Seine in Briefform verfassten Schriften stellen die erste ernsthafte Abhandlung zum Thema Magnetismus dar und waren wegbereitend für nachfolgende Forschergenerationen.

Johannes Buridan

Johannes Buridan (1300–1358) war ein französischer Philosoph, der u. a. Kommentare zu den Werken des griechischen Philosophen Aristoteles (384–322 v. Chr.) verfasste. Sein wesentlicher Beitrag zur Physik bestand darin, dass er das später von Isaac Newton (1643–1727) entdeckte Prinzip der Impulserhaltung vorausgeahnt hat. Als „Impuls“ bezeichnet man in der Physik das Produkt aus Masse und Geschwindigkeit eines Körpers. Die Impulserhaltung führt u. a. zu dem Effekt, dass wir beim Bremsen im Auto nach vorne geschleudert werden: Fahren wir mit einer bestimmten Geschwindigkeit, so hat unser Körper einen bestimmten Impuls.

Neuzeit

Wie in vielen anderen Disziplinen markiert der Übergang zur Neuzeit auch für die Physik den Beginn eines neuen Zeitalters. Pioniere des physikalischen Experimentierens wie Galileo Galilei (1564–1642) und der mathematischen Beschreibung der Physik wie Isaac Newton (1643–1727) bereiteten den Weg für einen Sturmlauf der Erkenntnis, der schließlich in der klassischen Physik des 19. Jahrhunderts seine Vollendung finden sollte. Dabei bildeten sich die Grunddisziplinen der klassischen Physik heraus, die Mechanik, die Beschreibung von Elektrizität und Magnetismus, die Optik und die Thermodynamik (Wärmelehre).

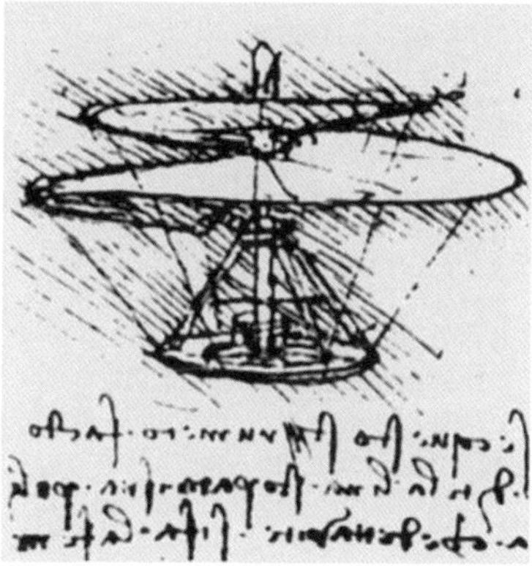

Luftrotor nach da Vinci, Vorstufe zum Helikopter

Klassische Mechanik

Die Mechanik beschäftigt sich mit der Beschreibung der Bewegung von massebehafteten Körpern unter dem Einfluss der auf sie wirkenden Kräfte.
Begründet von Galileo Galilei (1564–1642) und seinen Zeitgenossen, wird sie von Isaac Newton (1643–1727) auf ein mathematisches Fundament gestellt, das später von Joseph Louis de Lagrange (1736–1813) und William Rowan Hamilton (1805–1865) zur Reife geführt wird.

Leonardo da Vinci

Ein bedeutender früher Naturforscher war der italienische Maler, Zeichner, Architekt, Musiker, Anatom und Ingenieur Leonardo da Vinci (1452–1519), der sich v. a. mit der Mechanik und ihrer Anwendung auf die Konstruktion von Maschinen beschäftigte. Die Liste seiner Erfindungen ist bemerkenswert. Sie reicht von Festungsbauten, Geschützen und Panzern über Kräne, Aufzüge und Hochstraßen bis hin zu Flugzeugen, Tauchgeräten und Untersee-

Chronologie der klassischen Mechanik

Leonardo da Vinci (1452–1519): mechanische Maschinen
Galileo Galilei (1564–1642): Fallgesetze, Pendel, Experimente
Johannes Kepler (1571–1630): Planetenbewegung
Robert Hooke (1635–1703): elastische Körper
Isaac Newton (1643–1727): Gravitationsgesetz, Bewegungsgesetze der Mechanik
Daniel Bernoulli (1700–1782): Hydrodynamik
Leonhard Euler (1707–1783): Kreiseltheorie, Hydrodynamik
Joseph Louis de Lagrange (1736–1813): analytische Mechanik
William Rowan Hamilton (1805–1865): Mechanik im Phasenraum

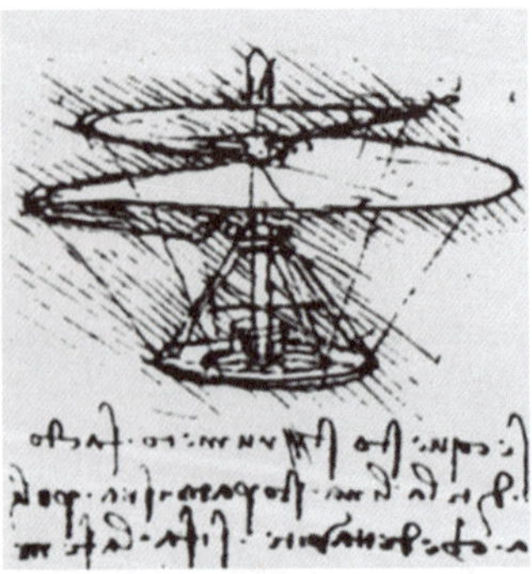

Luftrotor nach da Vinci, Vorstufe zum Helikopter

booten. In seinem Denken war Leonardo da Vinci seiner Zeit weit voraus und hat viele technische Erfindungen bereits vorweggenommen, die allerdings oft an den begrenzten Möglichkeiten seiner Zeit scheiterten.

Selbstporträt von Leonardo da Vinci

Simon Stevin

Der niederländische Mathematiker und Physiker Simon Stevin (1548–1620) nahm einige der später durch Galileo Galilei (1564–1642) berühmt gemachten Untersuchungen vorweg. So experimentierte auch er mit dem freien Fall von Körpern im Schwerefeld der Erde und konnte als einer der ersten zeigen, dass zwei verschiedene Gewichte, die gleichzeitig fallen gelassen werden, den Erdboden zur gleichen Zeit erreichen. Ein weiterer wichtiger Beitrag zur Physik gelang

Geronimo Cardano

Geronimo Cardano (1501–1576), ein italienischer Mathematiker, Mediziner und Philosoph, beschäftigte sich mit dem freien Fall von Körpern im Gravitationsfeld der Erde. Heute verbindet man seinen Namen aber mehr mit seinen Beiträgen zur Mathematik und mit der Beschreibung der nach ihm benannten kardanischen Aufhängung, die es ermöglicht, einen Körper in alle Richtungen drehbar aufzuhängen. Die kardanische Aufhängung findet noch in unserer Zeit beim Bau von Schiffskompassen Verwendung.

ihm mit der Theorie der schiefen Ebene. Als „schiefe Ebene“ bezeichnet man in der Physik eine gegen den Erdboden geneigte Ebene, auf der man kontrolliert Gewichte herunterrutschen lassen kann. Gegenüber dem freien Fall hat dies den Vorteil, dass die Vorgänge langsamer ablaufen und sich daher leichter erfassen lassen. Schließlich entwickelte Stevin, wie später auch Galilei, eine Theorie der Gezeiten.

Giovanni Battista Benedetti

Ein anderer Vorläufer von Galileo Galilei (1564–1642) war der italienische Mathematiker und Physiker Giovanni Battista Benedetti (1530–1590). Genau wie später Galilei untersuchte Benedetti den freien Fall von Körpern im Schwerefeld der Erde. Er erkannte, dass die beobachteten unterschiedlichen Fallgeschwindigkeiten verschiedener Körper allein auf den

Die Gezeiten

Die Gezeiten der irdischen Ozeane, also der mit einer Periode von etwa zwölf Stunden ablaufende Wechsel von Ebbe und Flut, wird durch die Gravitationsanziehung von Mond und Sonne hervorgerufen. Da die Wirkung des Mondes etwa doppelt so stark wie die der Sonne ist, konzentrieren wir uns auf den Mond. Für den Mittelpunkt der Erde hebt sich die Gravitationskraft aus der gegenseitigen Anziehung von Erde und Mond und die Fliehkraft aus der Bewegung um den gemeinsamen Massenmittelpunkt genau auf. Die dem Mond zugewandte Seite der Erde spürt aber eine stärkere Gravitationskraft, die abgewandte Seite eine stärkere Fliehkraft. Dadurch entstehen an diesen Stellen Flutberge. Durch die scheinbare Bewegung des Mondes am Himmel und die Drehung der Erde um ihre Achse entsteht der Wechsel zwischen Ebbe und Flut.

Widerstand der Luft zurückzuführen sind, und dass im luftleeren Raum (Vakuum) alle Körper mit der gleichen Geschwindigkeit fallen.

Galileo Galilei

Der italienische Mathematiker, Astronom und Physiker Galileo Galilei (1564–1642) gilt als einer Begründer der experimentellen Wissenschaft, insbesondere der Mechanik, der Lehre von der Bewegung von Massen unter dem Einfluss von Kräften. Diesen Ruf erwarb sich Galilei mit seinen Arbeiten zur Trägheit, zum Pendel und zu den Fallgesetzen.

Galileo Gallilei

Als wichtiger Vorläufer von Isaac Newton (1643–1727) arbeitet Galilei über die Trägheit. Die Trägheit ist eine Eigenschaft jedes massebehafteten Körpers. Galileis Trägheitssatz besagt, dass ein Körper, auf den keine Kraft wirkt, in seinem Bewegungszustand verharrt. Dies spüren wir beim Autofahren: Fahren wir mit konstanter Geschwindigkeit, so bemerken wir nichts. Beschleunigen oder bremsen wir aber, so werden wir durch die Trägheit unserer Masse entweder in den Sitz gepresst oder nach vorne geschleudert.

! Das Pendel

Hängt man einen Körper an einem Faden, einer Kette oder einer dünnen Stange im Schwerefeld der Erde auf und versetzt ihm einen kleinen Stoß, so beginnt er hin- und her zu schwingen – ein Pendel ist entstanden. Der Legende nach wird Galilei durch das Betrachten eines schwingenden Leuchters im Dom zu Pisa zur genaueren Untersuchung des Pendels angeregt. Er entdeckte, dass die Zeitdauer für eine Pendelbewegung immer gleich bleibt, auch wenn die Größe des Ausschlages nach und nach abnimmt.

Ein weiteres Gebiet der Mechanik, dem sich Galilei zuwendete, ist der freie Fall eines Körpers im Schwerefeld der Erde. Galilei ergründete die Zunahme der Geschwindigkeit mit der Zeit und leistete damit wichtige Vorarbeit für die Bewegungsgesetze, die Isaac Newton später finden sollte. Neben seinen physikalischen Entdeckungen leitete Galilei mit seinen Himmelsbeobachtungen

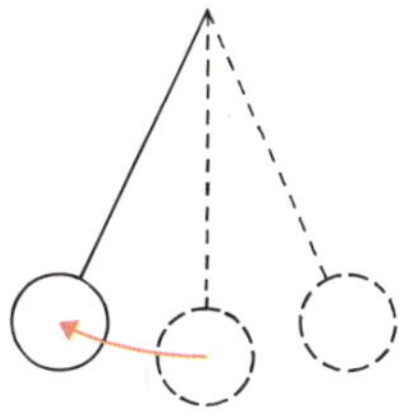

Größter Ausschlag einer Schwingung: Amplitude

durch ein Teleskop ein neues Zeitalter in der Astronomie ein. Galilei hat das Fernrohr zwar nicht erfunden, aber er war sicherlich einer der ersten, der astronomische Beobachtungen damit durchführte. Und er entdeckte Dinge, die kein Mensch vor ihm gesehen hatte! Dazu zählen Berge auf dem Mond, dunkle Flecken auf der Sonne, die unabhängig von Galilei in den Jahren 1610/11 auch von Johannes Fabricius (1587–1615), Thomas Harriot (1560–1621) und Christoph Scheiner (1575–1650) erblickt wurden sowie die vier großen Monde des Jupiter, die unabhängig von Galilei von Simon Marius (1573–1624) und Thomas Harriot entdeckt wurden.

Als Galilei sein kleines Fernrohr auf den Saturn richtete, erschien ihm der Planet seltsam dreiteilig, mit zwei schwachen „Henkeln" an jeder Seite. Aber erst Christiaan Huygens (1629–1695) erkannte im Jahr 1659, dass es sich in Wahrheit um Ringe handelt, die den Planeten umgeben. Dennoch gilt gemeinhin Galilei als Entdecker der Saturnringe.

Außerdem erkannte er mithilfe des Teleskops, dass die Milchstraße aus Millionen von Einzelsternen besteht, und dass die Venus ähnlich dem Mond einen Phasenwechsel zeigt. Gerade die Beobachtung der Jupitermonde und der Venusphasen überzeugten Galilei davon, dass sich die Erde um die Sonne bewegt, wie es Nikolaus Kopernikus (1473–1543) vermutete. Galilei entwickelte sich schon früh zu einem Anhänger dieser heliozentrischen Theorie. In den Jahren um 1610 wurde seine Überzeugung durch zwei Dinge gefestigt. Zum einen durch die

! Schall, Tonhöhe und Frequenz

Auch auf dem Gebiet der Akustik, der Lehre vom Schall und den Tönen, gelang Galilei eine Entdeckung. Unabhängig von Marin Mersenne (1588–1648) fand er den Zusammenhang zwischen der Höhe eines gehörten Tons und der Frequenz der Schallschwingung in der Luft. Marsenne gelang ferner die Bestimmung der Ausbreitungsgeschwindigkeit von Schall in Luft. Eine grundlegende Theorie der Schallschwingung wurde später von Isaac Newton (1643–1727) geschaffen.

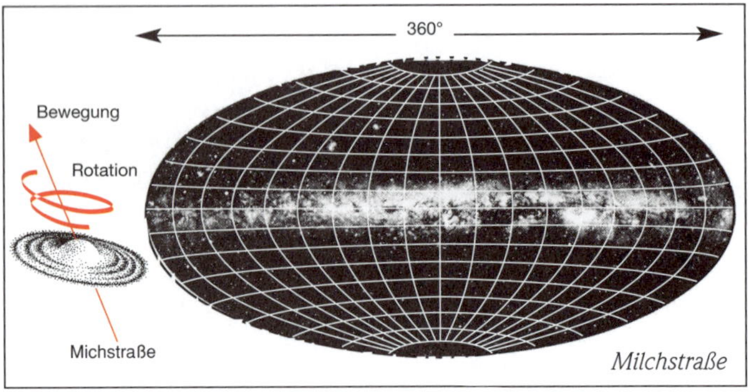

Milchstraße

eben erwähnten Beobachtungen der Venusphase und der Monde des Jupiter. Zum anderen veröffentlichte Johannes Kepler (1571–1630) die nach ihm benannten Gesetze, wonach sich die Planeten auf Ellipsenbahnen um die Sonne bewegen. Damit gelangte Kepler zu einer höchst einfachen und eleganten Beschreibung der beobachteten Ungleichförmigkeit der Planetenbewegung. Die Publikation seiner Meinung zur kopernikanischen Theorie brachte Galilei in Konflikt mit der Inquisition, und im berühmten Prozess musste Galilei seiner Überzeugung abschwören, dass die Erde sich um die Sonne bewegt.

Nikolaus Kopernikus

Johannes Kepler

Die komplizierte Bewegung der Planeten am Himmel stellte die Naturforscher lange Zeit vor ein Rätsel. Erst dem deutsche Astronom und Mathematiker Johannes Kepler (1571–1630) wurde bei der Analyse der hervorragenden Planetendaten des Tycho Brahe (1546–1601) klar, dass sich die Planeten nicht auf Kreisen bzw. ineinander verschachtelten Kreisen, sondern auf elliptischen Bahnen um die Sonne bewegen. Dabei waren Kepler vor allem Brahes präzise Beobachtungen des Planeten Mars nützlich, denn die Marsbahn weicht relativ stark von der Kreisform ab.

Seine Erkenntnisse formulierte Kepler in den nach ihm benannten Gesetzen, mit denen die komplizierte scheinbare Bewegung der Planeten zum ersten Mal eine einfache Erklärung fand. Die drei keplerschen Gesetze der Planetenbewegung beschreiben also die Bewegung der Planeten um die Sonne. Das erste Gesetz besagt, dass sich die Planeten auf elliptischen Bahnen um die Sonne bewegen, und dass die Sonne nicht im Zentrum der Ellipse, sondern – etwas versetzt – in einem der so genannten Brennpunkte steht. Im zweiten Gesetz, dem Flächensatz, geht es um die Umlaufgeschwindigkeit eines Planeten, die in Sonnennähe größer ist als in Sonnenferne. Das dritte Gesetz schließlich beschreibt die Abnahme der Umlaufgeschwindigkeit verschiedener Planeten mit deren Abstand von der Sonne. Die keplerschen Gesetze bilden eine wichtige Grundlage für die von Isaac Newton (1642–1727) entwickelten Gesetzen der Mechanik.

Johannes Kepler

Christiaan Huygen

Bereits Galileo Galilei (1564–1642) beschäftigte sich mit dem Pendel. Der niederländische Mathematiker, Physiker und Astronom Christiaan Huygens (1629–1695) führte dies zur Vollendung und erkannte den Zusammenhang zwischen Schwingungsdauer und Pendellänge. Huygens arbeitete noch auf vielen anderen Gebieten der Physik und Astronomie und formuliert für die Gravitationsbewegung zweier Körper umeinander die Erhaltung der „lebendigen Kräfte“, eine frühe Formulierung des Energiesatzes.

Erhaltung der Energie

Die Energie ist eine fundamentale Größe der Physik, für die folgende Grundregel gilt: Bei jedem physikalischen Prozess bleibt die Gesamtenergie des Systems konstant. Die Entdeckungsgeschichte dieses Energieerhaltungprinzips ist lang. Im Jahr 1673 formuliert Christiaan Huygens (1629–1695) die Erhaltung der „lebendigen Kräfte“ bei der Gravitationsbewegung. Gottfried Wilhelm Leibniz (1646–1716) erkennt die „lebendigen Kräfte“ als Bewegungsenergie der Körper und entdeckt 1693 das Gesetz über die Erhaltung der mechanischen Energie. Der allgemeine Energiesatz, der alle Arten von Energien als gleichwertig erkennt und ihre Erhaltung fordert, wird 1843/45 unabhänging vom deutschen Arzt und Naturforscher Julius Robert Mayer (1814–1878), dem englischen Physiker James Prescott Joule (1818–1889) und von Hermann Ludwig Ferdinand von Helmholtz (1821–1894) entdeckt.

Gottfried Wilhelm Leibniz

Robert Hooke

Der englische Physiker und Naturforscher Robert Hooke (1635–1703) ist einer der vielseitigsten Forscher des 17. Jahrhunderts, der sich mit biologischen, chemischen, geologischen und physikalischen Themen beschäftigte. Neben experimentellen und theoretischen Arbeiten erfindet er auch viele Apparate, so z. B. die Ankerhemmung und Federunruh für Uhrwerke, einen Regenmesser, einen optischen Telegrafen und vieles andere mehr. Sein wesentlicher Beitrag zur Mechanik besteht in der Entdeckung des noch heute nach ihm benannten Gesetzes für elastische Körper, z. B. eine Feder wie wir sie aus dem Kugelschreiber kennen.

Nach Hooke ist beim Zusammendrücken oder Auseinanderziehen

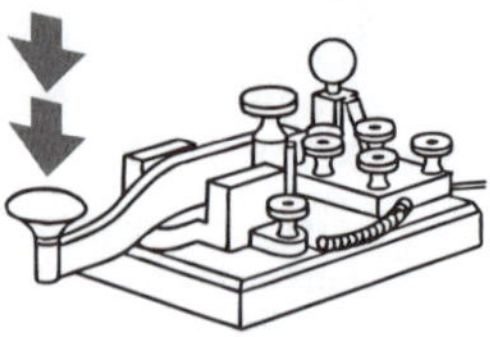

Telegraf

! Julius Robert Mayer

Bei einer Reise in die Tropen fiel dem Arzt Julius Robert Mayer (1814–1878) auf, dass der Farbunterschied zwischen hellrotem arteriellen Blut und dunkelrotem venösem Blut dort geringer ausfällt als in Europa.
Er deutete dies als Folge einer geringeren Sauerstoffnutzung zur Wärmeproduktion im wärmeren Klima. Daraus leitete er 1842 die Gleichwertigkeit von mechanischer Energie und Wärme ab, die ihn 1845 schließlich zur Entdeckung des Energieerhaltungssatzes führen sollte.

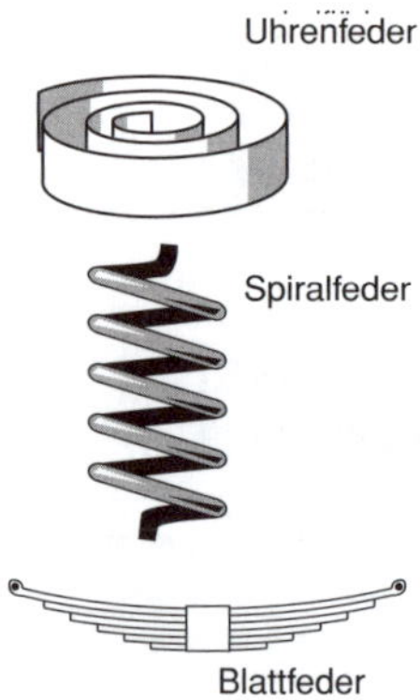

Verschiedene Federarten

der Feder die entgegenwirkende Kraft proportional zur Längenänderung der Feder.

Isaac Newton

Isaac Newton

Der englische Mathematiker und Physiker Isaac Newton (1643–1727) sollte die Physik revolutionieren. Newton, ein vielseitiger Wissenschaftler, wurde im dem kleinen Ort Woolsthorpe geboren und studierte am Trinity College an der Universität von Cambridge. Bereits mit 26 Jahren wurde er Professor für Mathematik an dieser altehrwürdigen Universität.

Newtons Hauptverdienst ist die Begründung der theoretischen Mechanik. Er formulierte die Gesetze, die die Bewegung eines Körpers unter dem Einfluss von Kräften beschreiben, und er entdeckte das Gravitationsgesetz, das die Anziehungskraft zwischen zwei Massen bestimmt. Dieses Gesetz besagt, dass die Anziehungskraft zweier Massen mit dem Produkt der beiden Massen anwächst, aber mit dem quadratischen Abstand der Massen abfällt. Mithilfe dieses Gravitationsgesetzes kann Isaac Newton den Fall von Körpern an der Erdoberfläche genauso erklären wie die Anziehungskraft zwischen Erde und Mond. Aber auch die Planeten des Sonnensystems werden von der Schwerkraft der Sonne auf ihrer Bahn gehalten, und es gelang Newton, die von Johannes Kepler (1571–1630) entdeckten Gesetze der Planetenbewegung aus den Grundlagen seiner Theorie der Mechanik abzuleiten. Ein wahrer Triumph der Physik, den Newton im Jahr 1673 in seinem Hauptwerk, den *Philosophiae naturalis principia mathematica* (deutsch: Die mathematischen Prinzipien der Naturphilosophie) veröffentlicht. Newtons Gravitationsgesetz ermöglichte die genaue Berechnung von Bahnen im Sonnensystem und wurde damit zur Grundlage der so genannten Himmelsmechanik. Erst Albert Einstein (1879–1955) wird später das newtonsche Gravitationsgesetz als Näherungsfall einer umfassenderen Theorie der Gravitation erkennen.

? Schon gewusst?

Dass Isaac Newton der entscheidende Gedanke zum Gravitationsgesetz kam, als ihm ein Apfel auf den Kopf fiel, gehört wohl ins Reich der Legende.

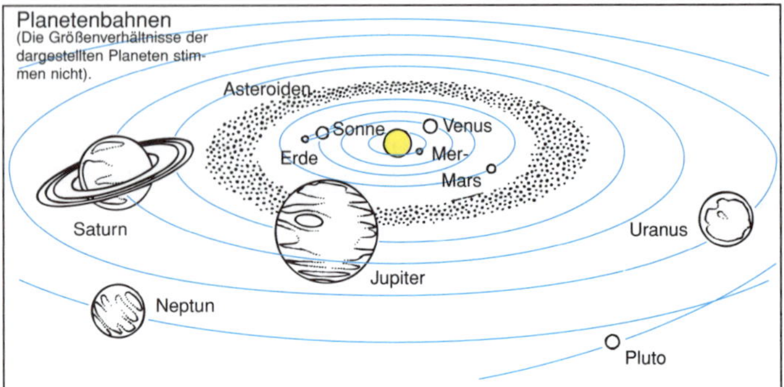

Planetenbahnen
(Die Größenverhältnisse der dargestellten Planeten stimmen nicht).

Physikalische Daten der Planeten

	Masse (Erde = 1)	Entfernung zur Sonne (Mio. km)	Siderische Umlaufszeit (Jahre)
Merkur	0,055	58	0,24
Venus	0,82	108	0,62
Erde	1,00	150	1,00
Mars	0,11	228	1,52
Jupiter	318,00	778	5,20
Saturn	95,2	1426	9,54
Uranus	14,5	2869	19,18
Neptun	17,2	45,09	30,06
Pluto	0,002	5894	39,70

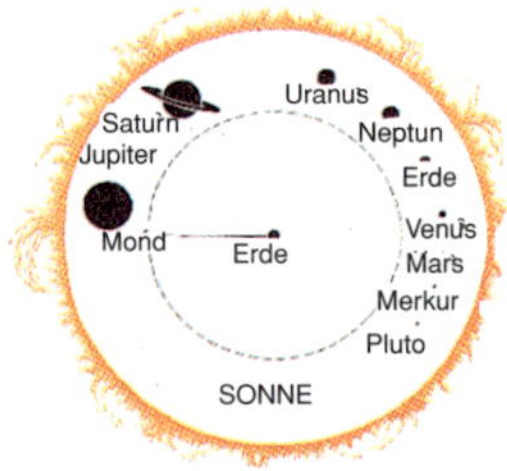

Die Größe der Planeten im Vergleich zur Sonne

Neben der Begründung der klassischen Mechanik und vielen weiteren Forschungen in verschiedensten Gebieten der Physik leistete Isaac Newton auch einen weiteren Beitrag zur Astronomie, indem er als erster ein Teleskop konstruiert, das das Licht nicht mittels Linsen, sondern mithilfe eines Hohlspiegels bündelt.
Heutige Großteleskope werden noch immer als Spiegelteleskope gebaut. Von den Fortschritten der Physiker auf dem Gebiet der Optik werden wir später noch mehr erfahren.

Himmelsmechanik

Isaac Newtons (1643–1727) Gravitationsgesetz, das die Schwerkraft an der Erdoberfläche ebenso elegant erklärt wie die Bewegungen der Planeten um die Sonne oder des Mondes um die Erde, lieferte die Grundlage für die Berechnung der Bewegungen von Himmelskörpern im Sonnensystem unter dem Einfluss ihrer gegenseitigen Gravitationsanziehung. Dieses Gebiet der Physik, das man allgemein als Himmelsmechanik bezeichnet, feierte in den folgenden Jahrzehnten triumphale Erfolge, so z. B. bei der Berechnung von Kometenbahnen und bei der Entdeckung neuer Planeten im Sonnensystem.

Der englische Mathematiker und Astronom Edmond Halley (1656–1742) berechnete mithilfe der newtonschen Mechanik die Bahnen von 24 Kometen und entdeckt etwas Eigenartiges. Die Bahnen der Kometen von 1531, 1607 und 1682 sind sich sehr ähnlich, und Halley gelangt zu der Schlussfolgerung, dass es sich um ein und denselben Kometen handeln müsse, der alle 76 Jahre wieder zu sehen ist, und sagt das erneute Erscheinen eines Kometen für das Jahr 1759 voraus. Obwohl Edmond Halley das Eintreffen seiner Vorhersage nicht mehr erlebt, macht sie ihn schlagartig berühmt, und der erste „periodische Komet" trägt seither den Namen Halleys.

Halleyscher Komet

Seit dem Altertum sind der Menschheit fünf Planeten des Sonnensystems bekannt: Merkur, Venus, Mars, Jupiter und Saturn. Die Entdeckung von Uranus war die erste eines großen Planeten seitdem. Der Planet wurde am 13. März 1781 vom deutsch-englischen Astronomen Friedrich Wilhelm Herschel (1738–1822) bei einer systematischen Durchmusterung des Himmels aufgefunden. Nach der Entdeckung des Planeten Uranus stellte man fest, dass dessen Bahn nicht mit den Berechnungen übereinstimmte. Daraus zog man die Schlussfolgerung, dass es einen weiteren Planeten außerhalb von Uranus geben müsse, der durch seine Schwerkraft die Bahn des Uranus

! Die Gravitationskonstante

Das Gravitationsgesetz besagt, dass die Anziehungskraft zweier Massen mit dem Produkt der beiden Massen anwächst, aber mit dem Quadrat des Abstands der Massen abfällt. Es enthält eine konstante Größe G, die als Gravitationskonstante bezeichnet wird. G wurde erstmals vom englischen Chemiker und Physiker Henry Cavendish (1731–1810) bestimmt.

Schon gewusst?

Kometen sind kleine Körper aus gefrorenen Gasen und Staub („schmutzige Schneebälle"), die einen Großteil ihres Daseins in den eisigen Regionen am Rande des Sonnensystems verbringen, weit ab von der wärmespendenden Sonne. Doch einige Kometen treten die Reise ins innere Sonnensystem an, wo sie von den Strahlen der Sonne erwärmt werden. Dann verdampft das Gas, und der Komet umgibt sich mit einer Wolke aus Gas- und Staubteilchen, die „Koma". Die Teilchen in der Koma werden vom Strahlungsdruck der Sonne und von den geladenen Teilchen des Sonnenwindes von der Sonne weggetrieben, und es entsteht ein Schweif, der den Kometen zu einer spektakulären Erscheinung macht.

störe. Daraufhin berechneten John Couch Adams (1819–1892) und Urbain Jean Joseph Le Verrier (1811–1877) unabhängig voneinander die Position dieses vermuteten Planeten, der schließlich am 23. September 1846 von Johann Gottfried Galle (1812–1910) und Heinrich Louis d'Arrest (1822–1875) in der Nähe der errechneten Position gefunden wurde und den Namen Neptun erhielt. Der darauf folgende Streit zwischen britischen und französischen Gelehrten um die Urheberschaft der Berechnung gehört zu den unschönen Kapiteln der Astronomie des 19. Jahrhunderts. Die Entdeckung des Neptun nahe der vorausberechneten Position kann allerdings bis heute als einer der großen Triumphe der klassischen Mechanik gelten.

Mit der Entdeckung von Neptun war die Welt im äußeren Sonnensystem zunächst wieder in Ordnung. Aber bald stellt sich heraus, dass die Bahnen von Uranus und Neptun immer noch gestört zu sein scheinen, woraufhin man unter Verwendung der damals verfügbaren Daten die Position eines weiteren Planeten errechnete. Dies führte zur großen Suchkampagne nach „Planet X", der schließlich im Jahr 1930 nach langer, zunächst vergeblicher Suche mehr zufällig von Clyde Tombaugh (1906–1997) entdeckt wurde. Allerdings ist die Masse von Pluto viel zu klein, um die vermeintlichen Störungen der Bahnen der anderen Planeten zu erklären. Heute weiß man, dass es diese vermuteten Störungen nicht gibt, sie beruhten einfach auf falschen Annahmen über die Massen der äußeren Planeten. Die Himmelsmechanik, die bei der Entdeckung von Neptun so triumphierte, führte zwar zum Auffinden von Pluto, aber unter falschen Voraussetzungen!

Daniel Bernoulli

Unsere Schilderung der bisherigen Entwicklung der Mechanik beschränkt sich meist auf die Bewegung von Körpern unter dem Einfluss von Kräften. Ein anderes wichtiges Teilgebiet der Mechanik, die Hydrodynamik, beschäftigt sich mit der Strömung und Bewegung von Flüssigkeiten und Gasen. Als Begründer der Hydrodynamik darf der schweizerische Mathematiker, Physiker und Arzt Daniel Bernoulli (1700–1782) gelten. Die von ihm geprägten Begriffe und Gesetze bilden die Grundlage für alle späteren Arbeiten in diesem wichtigen Gebiet. Daniel Bernoulli konnte dabei auf die Vorarbeiten seines Vaters Johann Bernoulli (1667–1748) zurückgreifen. Johann Bernoulli war ein bedeutender Mathematiker, der nicht nur seinen Sohn Daniel,

Turbulente Strömung

Laminare Strömung

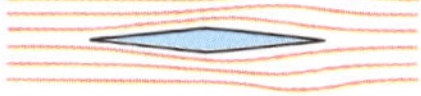

Überschall-Strömung

Je stromlinienförmiger die Gestalt eines Körpers ist, desto weniger Luftwiderstand wird erzeugt.

! Die seltsamen Bewegungen des Kreises

Jedem ist aus seiner Kinderzeit der Kreisel bekannt. Ein Kreisel ist ein starrer Körper, der in Drehung versetzt werden kann. Betrachtet man einen rotierenden Kreisel genauer, so stellt man fest, dass die Drehachse nicht fest im Raum steht, sondern immer leicht im Kreis herum wandert, was man als Nutation bezeichnet. Stößt man einen rotierenden Kreisel an, so reagiert er mit einer komplizierten Ausgleichsbewegung. Im Schwerefeld der Erde resultiert diese in einer anderen Art von Achsenbewegung, die man die Präzession nennt. Dies hat durchaus praktische Bedeutung: Auch die Erde ist ein gigantischer Kreisel, und die Anziehungskräfte der anderen Himmelskörper im Sonnensystem führen zu einer Präzessionsbewegung mit einer Periode von etwa 26.000 Jahren. Die Theorie des Kreisels wurde maßgeblich von Leonhard Euler (1707–1783) entwickelt.

sondern auch das mathematische Genie Leonhard Euler (1707–1783) entscheidend prägen sollte.

Leonhard Euler

Eine Lichtgestalt der Mathematik und Physik des 18. Jahrhunderts

Leonhard Euler

war der Schweizer Leonhard Euler (1707–1783). Neben unzähligen wichtigen Beiträgen zur Mathematik war er auch ein begnadeter theoretischer Physiker, der insbesondere das Gebiet der Mechanik nachhaltig beeinflussen sollte. Berühmt sind seine Arbeiten zur Hydrodynamik, also der Lehre von den Strömungsbewegungen von Flüssigkeiten, und zur Kreiseltheorie.

Joseph Louis de Lagrange

Die von Isaac Newton (1643–1727) aufgestellten Gesetze der klassischen Mechanik erlauben eine vollständige Beschreibung der

! Kleinplaneten, Satelliten und die Lagrange-Punkte

Ein wichtiger Beitrag von Joseph Louis de Lagrange (1736–1813) zur Himmelsmechanik ist die Theorie der Lagrange-Punkte: Dabei handelt es sich um fünf Punkte im Raum, an denen sich ein kleiner Himmelskörper (z. B. ein Kleinplanet oder ein Satellit) im Schwerefeld zweier größerer Körper (z. B. Sonne und ein Planet) befinden kann. Drei dieser Punkte liegen auf der Verbindungslinie von Sonne und Planet, die beiden anderen auf der Bahn des Planeten, aber jeweils 60° vor und hinter dem Planeten. Diese Punkte haben eine große Bedeutung in der Astronomie und der Weltraumforschung. So befindet sich eine Gruppe von Kleinplaneten, die „Trojaner" in den Lagrange-Punkten auf der Jupiterbahn! Und für Satellitenobservatorien sind die Lagrange-Punkte ideale Orte für einen langjährig stabilen Aufenthalt.

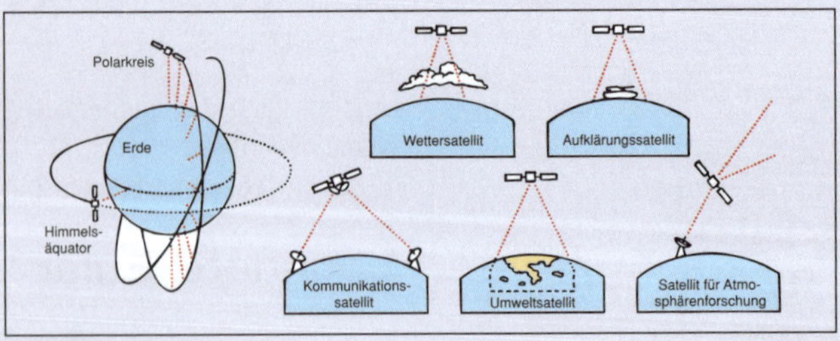

Satelliten

Bewegung von Körpern. Dennoch haben sich in den folgenden Jahrhunderten in der Mechanik Methoden durchgesetzt, welche die Bewegungsgesetze auf elegantere Art beschreiben. Eine dieser Formulierungen ist eng mit den Namen von Leonhard Euler (1707–1783) und v. a. Joseph Louis de Lagrange (1736–1813) verbunden. Lagrange, eigentlich als Giuseppe Ludovico Lagrangia in Italien geboren, wirkte lange Zeit in Frankreich und leistete wichtige Beiträge zur Mathematik, Physik und Astronomie. Sein 1788 erschienenes Lehrbuch zur „Analytischen Mechanik" sollte nachfolgende Generationen von Physikern entscheidend prägen. Neben Arbeiten zur Hydrodynamik und Himmelsmechanik ist es v. a. seine neue Formulierung der Mechanik, die ihn berühmt gemacht hat. In der newtonschen Mechanik wird die Geschwindigkeitsänderung eines Körpers mit den Kräften in Verbindung gesetzt und berechnet. In der lagrangeschen Mechanik wird dies durch ein abstrakteres Prinzip ersetzt, das es erlaubt, die Bewegungsgleichungen in vielen Fällen leichter zu ermitteln.

Jean Bernard Léon Foucault

Das foucaultsche Pendel, benannt nach Jean Bernard Léon Foucault (1819–1868) ist weltberühmt. Foucault konnte demonstrieren, dass sich die Schwingungsebene eines langen Pendels auf Grund der Erdrotation langsam dreht. Anschaulich gesprochen dreht sich die Erde unter dem Pendel langsam weiter. Damit konnte er die tägliche Drehung der Erde um ihre Achse der Öffentlichkeit direkt sichtbar machen.

Léon Foucault

William Rowan Hamilton

Eine Fortentwicklung der lagrangeschen Mechanik geht auf den irischen Mathematiker, Physiker und Astronomen William Rowan Hamilton (1805–1865) zurück. Zunächst gelang es ihm, die Bewegungsgesetze über ein neues Prinzip zu formulieren. Es besagt, dass die „Wirkung" (das Zeitintegral über die Energie) bei einem physikalischen Prozess den kleinst möglichen Wert annimmt. Zu ähnlichen Einsichten waren vor Hamilton bereits Pierre Loius Moreau de Maupertuis (1698–1759) und Leonhard Euler (1707–1783)

? Schon gewusst?

Als Impuls bezeichnet man in der Physik das Produkt aus Masse und Geschwindigkeit. Der Impuls ist eine wichtige Größe, weil er – ebenso wie die Energie – eine Erhaltungsgröße ist, d. h. dass sich bei einem physikalischen Prozess (z. B. dem Stoß zweier Billardkugeln) der Impuls nicht ändert. Die Impulserhaltung wurde u. a. vom französischen Philosophen und Mathematiker René Descartes (1596–1650) und vom englischen Mathematiker und Physiker John Wallis (1616–1703) entdeckt. Erhaltungsgrößen sind wichtige Hilfsmittel der Physik.

René Descartes

gekommen. Später entwickelt Hamilton eine neue Beschreibung der Gesetze der Mechanik. Im Gegensatz zu den Bewegungsgesetzen des Isaac Newton (1643–1727) und des Joseph Louis de Lagrange (1736–1813), die im wesentlichen im Raum dreidimensionalen Ortskoordinaten formuliert sind, benutzt Hamilton den Phasenraum. Der Phasenraum ist ein abstrakter sechsdimensionaler Raum, der von den drei Ortskoordinaten und den drei Impulskoordinaten aufgespannt wird.
Obwohl die hamiltonsche Mechanik nur eine andere Formulierung der Bewegungsgesetze ist (sowohl die newtonsche als auch die lagrangesche Beschreibung lassen sich aus der hamiltonschen ableiten), so hat sie doch eine überragende Bedeutung in der Physik. Zum einen bietet nämlich der Phasenraum für viele physikalische Prozesse (z. B. für die statistische Beschreibung von Systemen aus sehr vielen Teilchen) eine elegante Formulierung, zum anderen ist die hamiltonsche Mechanik eng mit der Quantenmechanik verknüpft: In der quantenmechanischen Beschreibung der Physik der kleinsten Teilchen treten wichtige formale Parallelen zur hamiltonschen Mechanik zu Tage. Die formale Vollendung der Mechanik in der hamiltonschen Beschreibung wirkt also weit über die klassische Physik des 19. Jahrhunderts hinaus.

Elektrizität

Elektrizität ist aus unserem heutigen Leben nicht mehr wegzudenken. Obwohl wir sie als Errungenschaft der modernen Welt betrachten, sind elektrische Phänomene doch auch in der Natur zu beobachten – man denke nur an den Zitteraal, die statische Elektrizität und den Blitz. Ja, die Bezeichnung „Elektrizität" selbst geht auf die natürliche Aufladung zurück: Da seit langem bekannt ist, dass Bernstein (griechisch elektron) sich leicht durch Reibung elektrisch aufläden lässt und dann leichte Körper wie z. B. Federn anzieht. Derartige Erscheinungen haben ebenso wie die magnetischen Kräfte, die bestimmte Materialien aufeinander ausüben, die Physiker seit Jahrhunderten fasziniert und letztlich zu der Erkenntnis geführt, dass Elektrizität und Magnetismus eng miteinander verknüpft sind.

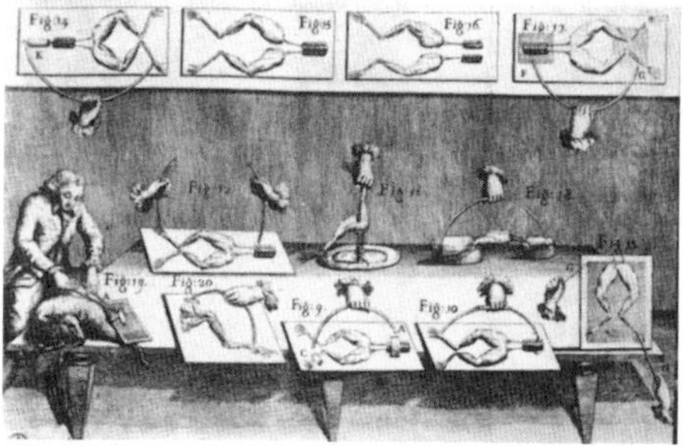

Luigi Galvani

Von der ersten Beschreibung des natürlichen Magnetismus durch Pierre de Maricourt im 13. Jahrhundert haben wir bereits berichtet. Auch in der Neuzeit beschäftigen sich zahlreiche Physiker mit diesem Phänomen.

William Gilbert

Einer von ihnen ist der englische Arzt und Physiker William Gilbert (1544–1603). Gilbert gilt als ein Pionier der Erforschung des Magnetfeldes unseres Heimatplaneten. Er betrachtet die Erde als großen Magneten und vermutet völlig zu Recht, dass sich die Kompassnadel nach den magnetischen Polen der Erde ausrichtet. Dabei entdeckt er, unabhänging von Georg Hartmann (1489–1564) die „magnetische Inklination" des Erdmagnetfeldes. Neben seinen Studien zum Magnetismus erforscht William Gilbert auch die Kraftwirkung von Stoffen nach Reibung, die auf elektrische Aufladung zurückzuführen ist. Es ist Gilbert, der für diese Erscheinung den bereits erklärten Begriff „Elektrizität" prägt.

Chronologie Elektritität und Magnetismus

harles Augustin de Coulomb (1736–1806): Kraft zwischen geladenen Körpern
Luigi Galvani (1737–1798): Elektrizität im Körper
Alessandro Volta (1745–1827): erste Batterie
André Marie Ampère (1775–1836): Kraft zwischen stromdurchflossenen Leitern
Hans Christian Ørsted (1777–1851): Ströme erzeugen Magnetfeld
William Sturgeon (1783–1850): Elektromagnet
Georg Simon Ohm (1789–1854): elektrischer Widerstand
Michael Faraday (1791–1867): Induktion
James Clerk Maxwell (1831–1879): umfassende Theorie des Elektromagnetismus
Heinrich Rudolf Hertz (1857–1894): elektromagnetische Wellen

Otto von Guericke

Bisherige Versuche zur Elektrizität waren eher umständlich durchzuführen, weil man immer zuerst Probekörper (z. B. aus Bernstein) durch Reiben mit einem Tuch „elektrisieren" musste. Einen wesentlicher Fortschritt brachte die erste „Elektrisiermaschine", die

Otto von Guericke

vom Magdeburger Bürgermeister Otto von Guericke (1602–1686) gebaut wurde. Es handelte sich dabei um eine große, aus Schwefel und verschiedenen Mineral-

Die magnetische Inklination

Eine Kompassnadel richtet sich im Magnetfeld der Erde ungefähr in Nord-Süd-Richtung aus. Diese Richtung ist durch die beiden entgegengesetzten Pole des Erdmagnetfeldes gekennzeichnet. Allerdings liegt die Nadel dabei nicht unbedingt waagrecht: Abhänging vom genauen Ort auf der Erde neigt sich die Nadel etwas gegenüber der Erdoberfläche. Diese Erscheinung nennt man die „magnetische Inklination". Sie wurde unabhängig vom deutschen Instrumentenbauer und Physiker Georg Hartmann (1489–1564) und von William Gilbert (1544–1603) entdeckt.

! Die Magdeburger Halbkugeln

Otto von Guericke (1602–1686) ist weniger durch seine Elektrisiermaschine bekannt als durch die Magdeburger Halbkugeln, eines seiner Experimente zum Vakuum, also einem Raum, aus dem die Luft weitgehend hinausgepumpt wird. In der angesprochenen Demonstration erzeugte er ein Vakuum in zwei aneinandergelegten Halbkugeln, die daraufhin vom umgebenden Luftdruck so stark zusammengepresst wurden, dass 16 Pferde nicht in der Lage waren, die Kugeln zu trennen!

stoffen bestehende Kugel, die mithilfe einer Kurbel an einer Unterlage gerieben werden konnte und die sich dabei elektrisch auflud. Damit können größere Mengen elektrischer Ladung als bislang erzeugt werden, was für die frühen Experimente zur Elektrizität entscheidende Vorteile brachte.

Stephen Gray

Ein wesentlicher Fortschritt bei der Entschlüsselung des Geheimnisses der Elektrizität bestand darin, zwei Klassen von Materialien zu unterscheiden: „Leiter" (wie z. B. alle Metalle), die Elektrizität transportieren können, und „Nichtleiter", denen dies nicht gelingt. Dieser wichtige Schritt gelang dem englischen Physiker und Astronomen Stephen Gray (1666–1736). In spektakulären Versuchen konnte Gray auch zeigen, dass der elektrische Körper über die Fähigkeit verfügt, Elektrizität weiterzuleiten.

Es gibt zwei Arten von Elektrizität!

Im Jahr 1732 entdeckte der Franzose Charles Dufay (1698–1739) ein weiteres, wichtiges Mosaiksteinchen auf dem Weg zum Verständnis der elektrischen Phänomene: Er konnte zeigen, dass es zwei (und nur zwei) Arten von Elektrizität gibt, die wir nach un-

? Schon gewusst?

Die Physik bedient sich bei der Erklärung von Naturvorgängen gerne einfacher Modellsysteme. William Gilbert (1544–1603) nutzt ein solches zur Demonstration seiner Idee, dass die Erde ein gigantischer Magnet ist. Dazu schleift er eine Kugel aus magnetischem Stein, die er „Terrella" (also „kleine Erde") nannte. Wie jedes magnetische Material hat auch die Terrella zwei Pole, und eine auf ihrer Oberfläche drehbar angebrachte Kompassnadel richtet sich wie auf der Erde aus.

! Die „Leidener Flasche“

Die „Leidener Flasche“ ist ein Gerät zur Ansammlung und Speicherung elektrischer Ladung, das unabhängig voneinander vom deutschen Physiker Ewald Georg von Kleist (1700–1748) und dem Holländer Pieter van Musschenbroek (1692–1761) gefunden wird. Es handelt sich dabei um eine Glasflasche, auf deren Innenwand ein metallischer Leiter aufgebracht wird, der die Ladungen speichert. In der Sprache der modernen Elektronik wird eine derartige Vorrichtung als „Kondensator“ bezeichnet.

serem heutigen Wissen mit positiven und negativen elektrischen Ladungen identifizieren können. Und mindestens genauso wichtig: Dufay fand heraus, dass sich gleichnamige Ladungen abstoßen, während sich entgegengesetzte Ladungen anziehen.

Benjamin Franklin

Einer der größten Elektrizitätsforscher des 18. Jahrhunderts wurde der amerikanische Politiker, Schriftsteller und Physiker Benjamin Franklin (1706–1790). Er entwickelte im Rahmen seiner zahlreichen Experimente ein sehr weitgehendes intuitives Verständnis für die Elektrizität und prägt noch heute geläufige Bezeichnungen wie die „Ladung“ (die Menge der elementaren Träger elektrischer Ladung) und die Bezeichnungen „positiv“ und „negativ“ für die beiden von Charles Dufay (1698–1739) gefundenen zwei Arten von Elektrizität. Er erkannte unabhängig von einigen anderen Forschern, dass Ladungen nicht zerstört oder vernichtet werden können (die „Ladungserhaltung“) und vermutete richtig, dass ein elektrisch neutraler Körper aus einer gleich großen Zahl von positiven und negativen Ladungen besteht.

Berühmtheit bis in heutige Zeit erlangte Benjamin Franklin aber durch seine Versuche zur atmosphärischen Elektrizität wie sie bei einem Gewitter zu Tage tritt. Franklin erkannte als Erster, dass

Blitzableiter

? Schon gewusst?

Dem deutsch-russischen Physiker Georg Wilhelm Richmann (1711–1753) wird ein Experiment zur elektrischen Natur des Blitzes zum Verhängnis: Die vom Blitz abgeleitete elektrische Ladung springt auf den Forscher über und tötet ihn auf der Stelle, sein Assistent wurde bewusstlos.
Damit wurde den Erforschern der atmosphärischen Elektrizität schlagartig die Gefährlichkeit ihrer Arbeit klar.

ein Blitz nicht anderes als ein gigantischer elektrischer Funke ist, und bewies dies mittels – durchaus lebensgefährlichen! – Experimenten mit an Schnüren befestigten Flugdrachen. Weitaus bedeutender als diese Erkenntnis aber ist das Prinzip des Blitzableiters, den Franklin erfand und der bis in die heutige Zeit dem Gewitter einen Teil seines Schreckens nahm.

John Priestley

Im Jahr 1766 wunderte sich der englische Chemiker und Physiker John Priestley (1733–1804) über ein Experiment, das u. a. auch Benjamin Franklin (1706–1790) durchgeführt hat. Es zeigt, dass im Inneren einer metallischen Schachtel keine elektrische Kraft herrscht, und dass die innere Wand der Schachtel frei von Ladungen ist, selbst wenn die Schachtel außen aufgeladen wird. Ein ähnliches Phänomen für die Gravitationskraft folgt nach Isaac Newton (1643–1727) daraus, dass sich die Anziehungskraft zweier Körper indirekt proportional zum Quadrat der Entfernung zwischen den Körpern verhält. Priestley stellt nun die vollkommen richtige Vermutung auf, dass sich auch die Kraft zwischen elektrischen Ladungen indirekt proportional zum Quadrat der Entfernung zwischen den Ladungen verhält, was später vom französischen Physiker Charles Augustin de Coulomb (1736–1806) und seinem schottischen Kollegen John Robison (1739–1805) eindrucksvoll experimentell bestätigt werden sollte.

Benjamin Franklin

Charles Augustin de Coulomb

Es war zwei genialen Experimentatoren vorbehalten, den exakten

Ausdruck für das Gesetz der elektrischen Kraft zwischen zwei geladenen Körpern zu finden. Einer von ihnen, der englische Physiker Henry Cavendish (1731–1810) entdeckte es wohl zuerst, ließ es aber wie so viele seiner Arbeiten unveröffentlicht. Der französische Ingenieur Charles Augustin de Coulomb (1736–1806) andererseits machte es im Jahr 1788 der Öffentlichkeit bekannt. Interessanterweise ist die Gleichung für die elektrische Kraft dem von Isaac Newton (1643–1727) gefundenen Gravitationsgesetz, bei dem die Anziehungskraft zweier Massen mit dem Quadrat des Abstands der Massen abfällt, sehr ähnlich: Ebenso wie die Anziehungskraft fällt die elektrische Kraft mit dem Quadrat des Abstandes der Ladungen ab, das Produkt der Massen wird ersetzt durch das Produkt der beiden Ladungen. Dies hat den Vorteil, dass die mathematischen Verfahren, welche die Physiker im 18. und 19. Jahrhundert zur Beschreibung der Kraftwirkungen entwickeln sollten, für beide Phänomene gleichermaßen angewendet werden können.

Luigi Galvani

Luigi Galvani

Einen weiteren, entscheidenden Impuls erhielt die Erforschung der Elektrizität durch eine sehr ungewöhnliche und v. a. völlig unerwartete Entdeckung. Sie gelang noch nicht einmal einem Physiker, sondern einem italienischen Biologie- und Anatomieprofessor namens Luigi Galvani (1737–1798). In Galvanis Labor wurden sowohl anatomische als auch elektrische Experimente durchgeführt. Eines Tages ereignete sich ein denkwürdiger Zufall: Beim Präparieren eines toten Frosches springt ein Funke von einer Elektrisiermaschine auf ein Skalpell über, das mit den Muskelnerven des Froschschenkels in Berührung stand. Daraufhin begann der Schenkel des toten Frosches heftig zu zucken! Diese faszinierende Entdeckung markiert den Beginn dreier Forschungsrichtungen. Die erste, die Elektrophysiologie, beschäftigt sich mit elektrischen Vorgängen in Tieren, wie sie u. a. bei der Reizleitung im Nervensystem auftreten. Die zweite, physikalische Disziplin, beschäftigt sich mit fließenden Ladungen, die man als Ströme bezeichnet. Die dritte schließlich ist die Elektrochemie, die den Einfluss von Strömen auf chemische Elemente und Verbindungen beschreibt. Noch heute bezeichnet man das elektrochemische Aufbringen eines dünnen Metallüberzugs in einer wässrigen Lösung als Galvanisierung. Übrigens konnte Galvani seine wichtige Entdeckung nie richtig interpretieren, da er bis zu seinem Tod nicht glaubte, dass die von ihm gefundene „tierische Elektrizität" mit den elektrischen Phänomenen der Physiker in Verbindung stand. Die Erklärung der von Galvani beobachteten Vorgänge bleibt seinem Landsmann Alessandro Volta (1745–1827) vorbehalten.

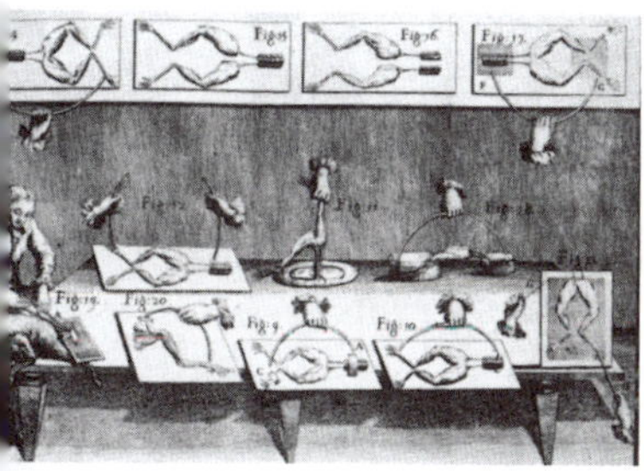

Alessandro Volta

Das Wirken des italienischen Physikers Alessandro Giuseppe Antonio Anastasio Volta (1745–1827) markiert den nächsten Meilenstein in der Geschichte der Elektrizitätsforschung. Zum einen lieferte er die Erklärung für das von Luigi Galvani (1737–1798) beobachtete Zucken der Muskeln toter Frösche beim Kontakt mit Metallstreifen. Während Galvani den Frosch als einen Ladungsspeicher nach Art der „Leidener Flasche" ansah, erkannte Volta schnell, dass der Froschschenkel eher ein empfindliches Messgerät für elek-

! Ladung, Strom und Spannung

Im Zusammenhang mit der Elektrizität werden häufig drei Begriffe verwendet: Ladung, Strom und Spannung. Die Ladung ist eine fundamentale Eigenschaft eines Körpers, die zur Wirkung elektrischer Kräfte führt. Die elektrischen Kräfte werden durch das elektrische Feld der Ladungen vermittelt. Ladungen treten immer in Einheiten der Elementarladung auf. Viele Elementarteilchen sind Träger von Ladung; so ist z. B. das Elektron Träger einer negativen Elementarladung. Elektronen sind es auch, die in einem haushaltsüblichen Kabel durch ihre Bewegung Strom fließen lassen. Damit sind wir beim zweiten Begriff, dem Strom. Der Strom ist die pro Zeiteinheit durch den Querschnitt eines Leiters fließende Ladungsmenge. Die Spannung schließlich ist ein Maß für die Fähigkeit einer Stromquelle, Ladungen fließen zu lassen.

trische Spannung ist. Insbesondere stellte Volta fest, dass verschiedene Metalle (etwa Kupfer und Zink) unterschiedliche elektrische Eigenschaften haben, die bei Kontakt zu einer messbaren Spannungsdifferenz führen. Dies führte ihn zu seiner großen Entdeckung: der Batterie oder, in der Bezeichnung der damaligen Zeit, der Volta-Säule. Die Volta-Säule bestand aus einer senkrechten Abfolge von vielen Kupfer- und Zink-Platten, zwischen die Volta säuregetränkte Tuchfetzen legte. Mit dieser Anordnung gelang es Volta, die elektrischen Spannungsdifferenzen zwischen den einzelnen Kupfer-Zink-Kontakten zu addieren, sodass sich am Ende eine große Spannungsdifferenz zwischen den beiden Polen der Batterie ergab. Die Volta-Säule sollte auf Grund der Verfügbarkeit von sehr hohen Spannungen zu einem wichtigen Hilfsmittel bei der weiteren Erforschung elektrischer Phänomene werden und machte Alessandro Volta schlagartig berühmt. Als Anerkennung für seine Entdeckung ist nach ihm die Einheit „Volt“ für die elektrische Spannung benannt.

Hans Christian Ørsted

Bis zum Jahr 1820 wurden Elektrizität und Magnetismus als völlig unabhängige Phänomen angesehen. Zwar waren Ausschläge von Kompassnadeln während eines Gewitters bekannt, aber woher sollte eine Verbindung zwischen den magnetischen Steinen und der Reibungselektrizität kommen? Diese Sicht der Dinge änderte sich schlagartig durch einen Versuch des dänischen Physikers Hans Christian Ørsted (1777–1851). Dieser legte eine Kompassnadel neben einen Metalldraht und richtete den Draht so aus, dass er parallel zur Nadel lag. Dann schickte Ørsted elektrischen Strom durch den Draht, woraufhin sich die Nadel relativ zur ursprünglichen Richtung verdrehte – eine wissenschaftliche Sensation ersten Ranges! Es sollte der erste Schritt in Richtung einer umfassenden Theorie elektromagnetischer Phänomene werden, die schließlich

! Das Gesetz von Biot und Savart

Der genaue Ausdruck für die ablenkende Kraft, die ein stromdurchflossener Draht auf eine Magnetnadel ausübt, wurde 1820 von den französischen Physikern Jean-Baptiste Biot (1774–1862) und Félix Savart (1791–1841) gefunden. Dieses Biot-Savart-Gesetz besagt, dass elektrischer Strom ein magnetisches Feld in Abhängigkeit seines Abstands und seiner Stärke verändert.

in den bahnbrechenden Erkenntnissen des James Clerk Maxwell (1831–1879) gipfeln sollte.

André Marie Ampère

Die Entdeckung der elektromagnetischen Phänomene durch Hans Christian Ørsted (1777–1851) beeindruckte u. a. den französischen Mathematiker und Physiker André Marie Ampère (1775–1836), der sich daraufhin intensiv dem Studium elektromagnetischer Phänomene widmete. Dazu machte er eine ganze Reihe von Experimenten, aus denen er ein Gesetz über die zwischen zwei Leiterelementen wirkende magnetische Kraft ableitete. Auch konnte er zeigen, dass ein schraubenförmig gewickelter stromdurchflossener Metalldraht, wie man ihm beim Wickeln des Drahtes um einen Stab erhält, ein Magnetfeld erzeugt, das dem eines normalen Stabmagneten entspricht. Wie dieser verfügt die Spule, wie man diesen Vorläufer des Elektromagneten nennt, über einen magnetischen Nord- und Südpol, und das magnetische Feld hat die gleiche Form. Damit konnte Ampère zeigen, dass Ströme in kreisförmigen Leitern ein magnetisches Dipolfeld erzeugen. Ampère äußerte die geradezu prophetische Vermutung, dass der natürliche Magnetismus bestimmter Materialen seinen Ursprung in elektrischen Kreisströmen auf atomare Ebene habe. Nach André Marie Ampère, den der geniale Theoretiker James Clerk Maxwell (1831–1879) später als den „Newton der Elektrizität" bezeichnen sollte, ist die Einheit „Ampere" für die elektrische Stromstärke benannt.

? Schon gewusst?

André Marie Ampère (1775–1836) konnte zeigen, dass ein schraubenförmige gewickelter Draht ein magnetisches Feld ähnlich dem eines Stabmagneten erzeugt. Der engliche Physiker William Sturgeon (1783–1850) entdeckte, dass man das magnetische Feld noch verstärken kann, indem man um einen Eisenkern den Draht dicht aufwickelt. Diese Erfindung bezeichnet man als Elektromagneten.

André Marie Ampère

Felder und Potenziale

Nach der Beschreibung der Gesetze für die elektrischen und magnetischen Kräfte, wandte sich eine

Reihe von Mathematikern und Physikern dem Problem der allgemeinen Beschreibung dieses Phänomens zu. Man führte den Begriff des Feldes ein, das die Kraftwirkung an jedem Punkt des Raumes vermittelt. In engem Zusammenhang mit diesem Begriff steht das Potenzial, ebenfalls eine Rechengröße, aus dem sich bequem das Feld berechnen lässt. Die umfassende mathematische Beschreibung der gravitativen, elektrischen und magnetischen Potenziale ist eng mit den Namen von fünf Forschern verbunden, nämlich Pierre Simon Marquis de Laplace (1749–1827), Carl Friedrich Gauß (1777–1855), Pierre Siméon Denis Poisson (1781–1840), George Green (1793–1841) und George Gabriel Stokes (1819–1903).

Carl Friedrich Gauß

Chemie und Elektrizität

Wir haben bereits gelernt, dass Luigi Galvani (1737–1798) mit seinen Versuchen mit zuckenden Fröschen die Grundlage für die

Sir Humphry Davy

Elektrochemie legte. Diese wurde maßgeblich vom englischen Chemiker und Physiker Humphry Davy (1778–1829) weiterentwickelt. Davy arbeitet über Elektrolyse und demonstrierte 1795, dass Wasser durch elektrischen Strom in Wasserstoff und Sauerstoff gespalten werden kann.
Davys Arbeiten wurden von seinem Schüler Michael Faraday (1791–1867) fortgeführt, der zusammen mit William Whewell (1794–1866) wesentliche Begriffe

! Elektrolyse

Als Elektrolyse bezeichnet man das Phänomen, dass bestimmte Verbindungen unter Einwirkung von Strom in wässriger Lösung in positiv und negativ geladene ionische Bestandteile zerlegt werden, die sich dann an den in die Lösung getauchten Stromkontakten (Elektroden) abscheiden. Dies findet z. B. beim Galvanisieren zur Erzeugung dünner Metallüberzüge Verwendung.

der Elektrizitätstheorie prägte, darunter: Elektrode (ein geladener Metallkontakt), Anode (die positiv geladene Elektrode), Kathode (die negativ geladene Elektrode), Ion (ein geladenes Teilchen) und Elektrolyse.

Michael Faraday

Hans Christian Ørsteds (1777–1851) Entdeckung, dass ein stromdurchflossener Leiter magnetische Wirkung hat, sollte nicht die letzte im Bereich der elektromagnetischen Phänomene bleiben. Der englische Chemiker und Physiker Michael Faraday (1791–1867) fügte dem Gebäude des Elektromagnetismus noch weitere Steine hinzu, bevor James Clerk Maxwell (1831–1879) es mit dem Dach abschließen konnte.

Michael Faraday

Einer von Faradays genialen Einfällen, der noch heute im Schul- und Universitätsunterricht Verwendung findet, war es, den Verlauf von magnetischen Feldlinien durch Eisenfeilspäne sichtbar zu machen. Diese ordnen sich entlang der Kraftlinien, die den Feldverlauf angeben an, und man kann das magnetische Feld wunderbar sichtbar machen.

? Schon gewusst?

Michael Faraday (1791–1867) stammte aus einfachen Verhältnissen. Der Sohn eines Schmieds machte nach einer oberflächlichen Schulbildung eine Ausbildung bei einem Buch- und Papierhändler sowie Buchbinder. Faraday las während dieser Tätigkeit sehr viele Bücher und eignete sich ein enormes Wissen an, das ihn später zu einem der bedeutendsten Chemiker und Physiker machte. Berühmt war Michael Faraday auch für seine liebevoll ausgearbeiteten öffentlichen Vorlesungen für das breite Publikum.

Noch bedeutender aber sind seine Versuche zum Zusammenspiel zwischen Elektrizität und Magnetismus.

Faradays Grundüberzeugung bestand darin, dass nicht nur ein stromdurchflossener Leiter ein magnetisches Feld erzeugt, sondern dass umgekehrt auch magnetische Felder Ströme hervorrufen können. Mittels genialer Experimente konnte er zeigen, dass in einer Drahtschleife in einem Magnetfeld tatsächlich Strom erzeugt wird, wenn das Magnetfeld sich ändert! Man sagt, dass dann in der

Der Faraday-Käfig

Als Faraday-Käfig bezeichnet man einen Metallkäfig, der dazu dient, das Innere von elektrischen Feldern abzuschirmen. Dabei handelt es sich oft um einen Käfig aus Maschendraht, aber im weiteren Sinn können auch das Drahtsystem eines häuslichen Blitzableiters oder die Karosserie eines Autos als Faraday-Käfige gelten.

Michael Faraday

Schleife ein Strom „induziert" wird. Michael Faraday hatte die elektromagnetische Induktion entdeckt. Die Bedeutung dieser Entdeckung nicht nur für die Physik sondern auch für die gesamte moderne Elektrotechnik mit ihren Motoren, Spulen und Transformatoren kann gar nicht überschätzt werden. Faraday hatte offenbar durchaus eine Idee von der Wichtigkeit seiner Entdeckung, denn auf die Frage eines Politikers, was denn seine Erfindungen wert seien, antwortete er: „Im Moment weiß ich es noch nicht, aber eines Tages wird man sie besteuern können." Er sollte Recht behalten.

Die lenzsche Regel

Nach der Entdeckung Michael Faradays, dass eine Änderung des Magnetfeldes in einer Leiterschleife Strom induziert, gelang dem deutschen Physiker Heinrich Friedrich Emil Lenz (1804–1865) eine wichtige Entdeckung: Der induzierte Strom ist so gerichtet, dass das von ihm erzeugte Magnetfelder der den Strom verursachenden Magnetfeldänderung entgegenwirkt. Diese Gesetzmäßigkeit wird seither als „lenzsche Regel" bezeichnet.

Georg Simon Ohm

Elektrische Ströme in Leitern fließen nicht verlustfrei. Analog zur Reibung in der Mechanik existiert im Leiter der elektrische Widerstand, dessen Einheit nach dem deutschen Physiker Georg Simon Ohm (1789–1854) benannt ist.

Georg S. Ohm

Ohm entdeckte das nach ihm benannte Gesetz, wonach der elektrische Strom, der in einem Leiter fließt, sich aus der angelegten Spannung geteilt durch den elektrischen Widerstand berechnet.

Joseph Henry

Der Physiker Joseph Henry (1797–1878) war das amerikanische Gegenstück von Michael Faraday (1791–1867). Unabhängig von Faraday entdeckte Henry die elektromagnetische Induktion, also das Erzeugen eines Stroms in einer Leiterschleife bei Änderung des Magnetfeldes senkrecht zur Schleife. Darüber hinaus entdeckt Henry, dass in einer stromdurchflossenen Leiterschleife, die ja ein Magnefeld hervorruft, beim Abschalten ebenfalls ein Strom induziert wird, der der Änderung des Feldes entgegenwirkt und diese dadurch verlangsamt. Diese Erscheinung bezeichnet man als Selbstinduktion.

Wilhelm Eduard Weber

James Clerk Maxwell (1831–1879) sollte in seiner umfassenden Theorie des Elektromagnetismus das Licht als elektromagnetische Welle identifizieren. Ein wichtiger Hinweis dafür erlangte der deutsche Physiker Wilhelm Eduard Weber (1804–1891). Er konnte, zusammen mit Rudolf Hermann Arndt Kohlrausch (1809–1858) zeigen, dass das Verhältnis von elektromagnetischer zu elektrostatischer Stromstärkeeinheit gleich der Lichtgeschwindigkeit ist, was natürlich auf einen Zusammenhang zwischen Licht und Elektromagnetismus verweist. Nach Weber ist die Einheit des magnetischen Flusses benannt.

! Die Lichtgeschwindigkeit

Die Ausbreitungsgeschwindigkeit des Lichts wurde erstmals 1675 von Ole Römer (1644–1710) aus den Verfinsterungszeiten der vier großen Jupitermonde in Abhängigkeit von der Stellung der Erde auf ihrer Bahn bestimmt. James Bradley (1693–1762) erkannte die Endlichkeit der Lichtgeschwindigkeit als Ursache der Aberration, einer kleinen Verschiebung der Sternposition auf Grund der Bewegung der Erde. Die erste Labormessung der Lichtgeschwindigkeit, die etwa 300 000 Kilometer pro Sekunde beträgt, gelang Armand Hippolyte Louis Fizeau (1819–96) im Jahr 1849. Fizeaus Messmethode wurde in den folgenden Jahren von Jean Bernard Léon Foucault (1819–68) weiterentwickelt.

James Clerk Maxwell

Die Versuche von Hans Christian Ørsteds (1777–1851), André Marie Ampère (1775–1836) und Michael Faraday (1791–1867) zeigten, dass es einen engen Zusammenhang zwischen elektrischen und magnetischen Feldern gibt. Es blieb dem genialen englischen Theoretiker James Clerk Maxwell (1831–1879) vorbehalten, eine umfassende Theorie dieser Phänomene zu entwickeln. In vier Gleichungen, die noch heute seinen Namen tragen, fasste er zusammen, wie Ladungen und zeitliche Magnetfeldänderungen elektrische Felder sowie Ströme und zeitliche Änderungen des elektrischen Feldes Magnetfelder erzeugen. Mit Maxwells Arbeiten ist die Theorie der elektromagnetischen Phänomene vollständig abgeschlossen. James Clerk Maxwell, der auch auf anderen physikalischen Gebieten wie der Optik und der Theorie der Gasteilchen und ihrer Bewegungen bahnbrechende Entdeckungen machte, zählt zweifelsohne zu den bedeutendsten Physikern der Neuzeit.

! Die kirchhoffschen Regeln

Schon Georg Simon Ohm (1789–1854), der Entdecker des elektrischen Widerstandes, beantwortete die Frage, wie sich Ströme und Spannungen in einem Netz von Leitern mit Verbindungsknoten und Parallelsträngen verhalten. Doch diese Regeln wurden 1845/46 vom jungen deutschen Physiker Gustav Robert Kirchhoff (1824–1887) wiederentdeckt und tragen noch heute seinen Namen.

Elektrische Energie

Dass sich mit Storm Energie erzeugen lässt, ist uns wohl bewusst. Die elektrische Energie wurde in den Jahren 1841/42 unabhänging von Hermann Ludwig Ferdinand von Helmholtz (1821–1894) und James Prescott Joule (1818–1889) entdeckt. Interessanterweise näherten sie sich dem Problem aus zwei verschiedenen Richtungen. Helmholtz, der ursprünglich Arzt und Physiologe war, arbeitete über Muskelarbeit und gelangte über die Wärmeproduktion der Muskeln zur elektrischen Energie und zum Satz von der Energieerhaltung, auf den auch Julius Robert Mayer (1814–1878) mithilfe der Physiologie ge-

Hermann Helmholtz

stoßen war. Joule, von Beruf eigentlich Bierbrauer, war einer der Begründer der Thermodynamik, also der Wärmelehre. Er untersuchte direkt die Wärmeentwicklung bei Stromfluss und auch er wurde unabhänging von Mayer und Helmholtz zum Energiesatz geführt. Nach James Prescott Joule ist die Einheit der Energie benannt.

Elektromagnetische Wellen

Eine der Folgerungen aus James Clerk Maxwells (1831–1879) vereinheitlichter Theorie der elektrischen und magnetischen Phänomene ist die Existenz elektromagnetischer Wellen, also Schwingungen des elektrischen und magnetischen Feldes, die sich mit Lichtgeschwindigkeit im Raum ausbreiten. Der Nachweis der Existenz dieser Wellen gelang dem deutschen Physiker Heinrich Rudolph Hertz (1857–1894). Hertz konnte die Wellen erstmals künstlich erzeugen, mit einem Sender abstrahlen und einem Empfänger einfangen. Außerdem konnte er die bereits von Maxwell vorhergesagten grundlegenden Eigenschaften der Wellen nachweisen und zeigen, dass sie sich genau wie Lichtwellen verhalten. Mit dieser Entdeckung war nicht nur die Grundlage für Radio-, Funk- und Nachrichtentechnik gelegt, sondern auch Maxwells Vermutung, dass Licht eine elektromagnetische Welle sei, experimentell untermauert worden. Auch das sichtbare Licht ist also eine Form von elektromagnetischen Wellen, und so wollen wir uns im nächsten Abschnitt der Optik, der Theorie der Ausbreitung von Licht zuwenden.

! Die Entwicklung der Nachrichtentechnik

Die Entdeckung der elektromagnetischen Wellen durch Heinrich Rudolph Hertz (1857–1894) eröffnete ungeahnte Möglichkeiten für die Nachrichtenübertragung. Die Pionierarbeiten zur Telegrafie und Telefonie über Kabel leisteten Samuel Finley Breese Morse (1791–1872), Alexander Graham Bell (1847–1922) und Thomas Alva Edison (1847–1931). Die drahtlose Telegrafie wurde, aufbauend auf die Vorarbeiten von Hertz und Augusto Righi (1850– 1920), von Guglielmo Marconi (1874– 1937) entwickelt. Damit gelang 1899 die erste drahtlose telegrafische Verbindung zwischen Großbritannien und Frankreich über den Ärmelkanal, und 1901 zwischen Cornwall und den Vereinigten Staaten von Amerika über den Atlantik. Für seine Pionierarbeiten erhielt Marconi im Jahr 1909 zusammen mit Karl Ferdinand Braun (1850– 1918) den Nobelpreis für Physik.

Optik und Licht

Die Optik beschäftigt sich mit der Natur und Ausbreitung von Licht. Zu ihrem Untersuchungsgegenstand zählen die Eigenschaften von Licht an sich ebenso wie seine Ausbreitung in Materialien. Obwohl optische Phänomene z. T. schon seit dem Altertum bekannt waren, erlebte die physikalische Optik ihre Blüte erst in der Neuzeit. Die Errungenschaften der Optik, von der Lupe über die Brille bis hin zu Mikroskop und Teleskop, sind aus unserem Alltag und aus der wissenschaftlichen Forschung nicht mehr wegzudenken.

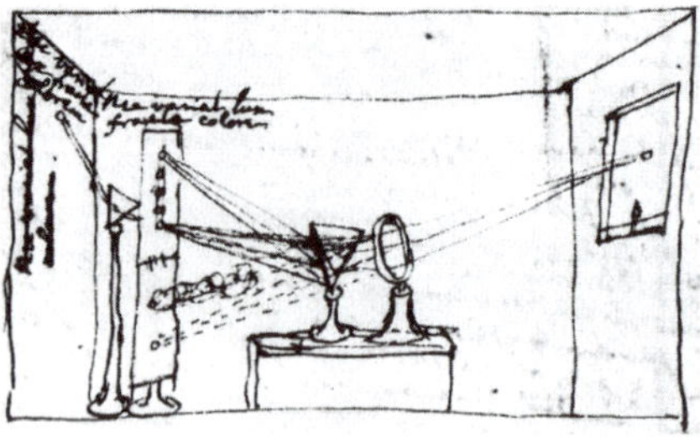

Zeichnung von einem von Newtons Experimenten

Frühe Arbeiten

Die klassische Antike kannte bereits eine Reihe von optischen Instrumenten wie Spiegel, Brenngläser zum Entzünden von Feuer mithilfe von gebündeltem Sonnenlicht und Vergrößerungsgläser. Naturphilosophen wie Euklid (um 365–ca. 300 v. Chr.), Heron von Alexandria (um 20–ca. 62) und Claudius Ptolemäus (um 85–ca. 165) hatten bereits recht genaue Vorstellungen von der geradlinigen Ausbreitung von Licht, Reflexion und Brechung. Das Mittelalter erreichte dann mit Gelehrten wie Alhazen (um 965–ca. 1040), Robert Grosseteste (um 1175–1253) und v.a. Roger Bacon (um 1214 bis nach 1292) eine Grundvorstellung des menschlichen Sehvorgangs und eine Idee der optischen Prinzipien von Brille und Fernrohr. Trotz dieser Errungenschaften blieb es der Neuzeit vorbehalten, die Optik zu voller Reife zu entwickeln.

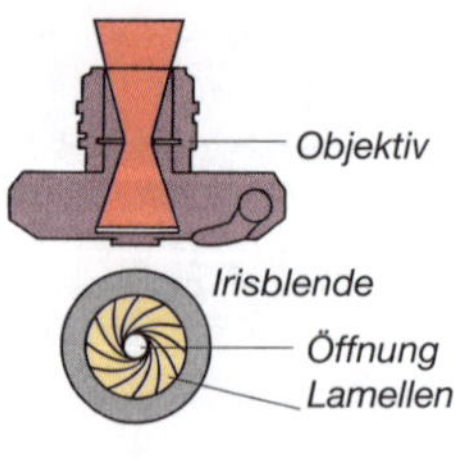

Die Erfindung des Fernrohrs

Wohl keine Erfindung hat unser Weltbild so verändert wie die des Fernrohres oder Teleskops. Im

Objektive einer Kamera

Jahr 1608 baute der Holländer Hans Lippershey (um 1570–1619) das erste Fernrohr und in den folgenden Jahren verschafften sich eine Reihe von Gelehrten ein Teleskop. Um 1609/10 richteten viele Astronomen zum ersten Mal ihr Fernrohr zum Himmel und entdeckten Dinge, die ihren Augen bisher verborgen geblieben waren.

Ein Linsenteleskop besteht immer aus einer Objektivlinse, die das Licht sammelt und bündelt, und einer Okularlinse, mit der das vom Objektiv erzeugte Bild vergrößert betrachtet wird.

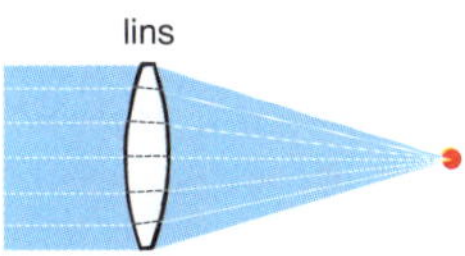

Brennpunkt

Johannes Kepler

Der deutsche Mathematiker, Physiker und Astronom Johannes Kepler (1571–1630) ist uns bereits als Entdecker der nach ihm benannten Gesetze der Planetenbewegung begegnet. Neben sei-

! Chronologie der Optik in der Neuzeit

Hans Lippershey (um 1570–1619): Erfindung des Teleskops
Zacharias Janssen (1588–1632): Erfindung des Mikroskops
Johannes Kepler (1571–1630): geometrische Optik
Willebrordus Snellius (1580–1626): Brechungsgesetz
Pierre de Fermat (1601–1665): Prinzip der kürzesten Zeit
Francesco Maria Grimaldi (1618–1663): Beugung
Robert Hooke (1635–1703): Interferenz an dünnen Schichten
Christiaan Huygens (1629–1695): Wellentheorie, Polarisation
Isaac Newton (1643–1727): Spektralfarben, Natur des Lichts
Johann Wilhelm Ritter (1776–1810): UV-Strahlung
Thomas Young (1773–1829): Interferenz am Doppelspalt
Joseph von Fraunhofer (1787–1826): Linien im Sonnenspektrum
Robert Wilhelm Bunsen (1811–1899), **Gustav Robert Kirchhoff** (1824–1887): Spektralanalyse

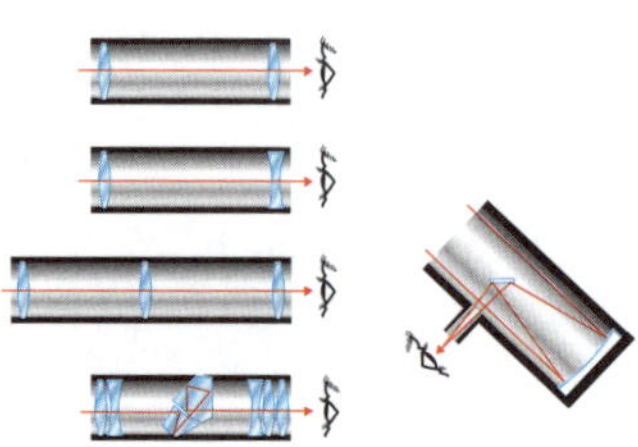

Verschiedene Teleskoparten

nen bahnbrechenden astronomischen Arbeiten war Kepler aber auch auf dem Gebiet der Optik tätig. In seinem Buch über die Optik, Dioptrice, das im Jahr 1611 erschien, beschrieb er die Theorie der Lichtausbreitung, des Strahlengangs in Linsen und des optischen Teleskops, das er mit einem veränderten Okular verbesserte (Keplersches Fernrohr). Kepler kann damit als einer der Pioniere der geometrischen Optik gelten.

Antony van Leeuwenhoek

Das Mikroskop und die Entdeckung der Welt des Kleinen

Nach der Entdeckung des Teleskops im Jahr 1608 durch Hans Lippershey (um 1570–1619), das uns den Blick in die Tiefen des Weltraums ermöglicht, war es wiederum ein Holländer, nämlich Zacharias Janssen (1588–1632), der um die selbe Zeit das Mikroskop erfand, das uns den Mikrokosmos erschließt. Nach einigen Modifikationen u. a. durch Francesco Fontana (um 1580–ca. 1656) und Robert Hooke (1635– 1703) sollte es zum wichtigsten Hilfsmittel für viele Wissenschaften werden. Hooke, der uns bereits in der Beschreibung der Mechanik als Erforscher der Elastizität begegnet ist, führte zahlreiche biologische Beobachtungen mit dem Mikroskop durch und entdeckte im Jahr 1667 Pflanzenzellen. Er war es auch, der den Begriff „Zelle" für diese Grundeinheiten der komplexen Lebewesen prägte. Ein anderer Pionier der frühen Mikroskopie war der holländische Naturforscher Antony van Leeuwenhoek (1632–1723), der mit selbst gebauten Mikroskopen zahlreiche Mikroorganismen wie Wimper- und Geißeltierchen sowie Bakterien entdeckte.

Außerdem war Antony von Leeuwenhoek einer der Begründer der Physiologie, der er mit seinen Beobachtungen der quergestreiften Muskulatur, des Glaskörpers des Auges und der Blutkörperchen entscheidende Impulse verlieh.

Das Gesetz der Brechung

Ein Meilenstein in der Geschichte der geometrischen Optik ist die Entdeckung des Brechungsgesetzes durch den niederländischen Mathematiker und Physiker Willebrordus Snellius (eigentlich Willebrord von Snell van Royen, 1580–1626), der an der Universität Leiden wirkte. Dass ein Lichtstrahl beim Übergang beispielsweise von Luft zu Glas abgelenkt (gebrochen) wird, war schon im Altertum bekannt. Bereits Claudius Ptolemäus (um 85–ca. 165) beschäftigte sich mit diesem Problem. Snellius konnte empirisch zeigen, dass der Ablenkwinkel von den Eigenschaften der beiden Medien abhängt, genauer von ihrem „Brechungsindex". Ein mathematisches Gesetz für ein so lange bekanntes Phänomen gefunden zu haben, beflügelte die geometrische Optik. Eine

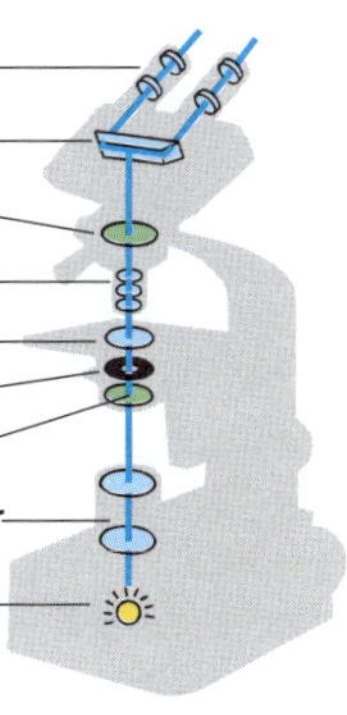

Mikroskop

! Das fermatische Prinzip

Der Franzose Pierre de Fermat (1601–1665) war eigentlich Jurist. Obwohl er die Mathematik nur als Hobby betrieb, zählt er zweifelsohne zu den größten Mathematikern seiner Zeit. Im Bereich der Physik fand er das für die Optik wichtige fermatsche Prinzip, wonach ein Lichtstrahl immer den Weg nimmt, für den er die kürzeste Zeit benötigt (und nicht den mit der kürzesten Länge, wie Heron von Alexandria (um 20–ca. 62) im Altertum vermutet hatte).

auf elastischen Schwingungen in einem Medium beruhende Herleitung des snelliusschen Brechungsgesetzes wurde vom französischen Philosophen, Mathematiker und Physiker René Descartes (1596–1650) vorgelegt, eine elegantere und physikalisch korrektere Erklärung von Pierre de Fermat (1601–1665).

Francesco Maria Grimaldi

Ein Grundprinzip der geometrischen Optik ist die geradlinige Ausbreitung von Licht entlang von „Lichtstrahlen". Dies war schon seit dem Altertum bekannt und Forscher wie Roger Bacon (um 1214–ca. 1292), Johannes Kepler (1571–1630) und Pierre de Fermat (1601–1665) gelang mithilfe dieser scheinbar selbstverständlichen Annahme die erfolgreiche Erklärung vieler optischer Phänomene. Erste Zweifel an der vollständigen Richtigkeit dieser Basis der geometrischen Optik kamen im Jahr 1660 auf, als der italienische Jesuitenpater Francesco Maria Grimaldi (1618–1663) ein rätselhaftes Phänomen entdeckte. Trifft Licht auf einen Körper, so wirft dieser auf eine dahinter liegende Wand einen Schatten. Gemäß der geradlinigen Ausbreitung sollte dieser Schatten scharf begrenzt und dunkel sein. Grimaldi entdeckte aber im Schatten eines Stabes helle Streifen, ein Phänomen, das man heute als Beugung oder lateinische Diffraktion bezeichnet. Er konnte zeigen, dass sich dies dadurch erklären lässt, dass sich Licht wie eine Welle verhält, die vom Rand des schattenspendenden Körpers in den Schatten hinein streut. Diese Beobachtung markiert den Beginn einer Reihe von Entdeckungen, die sich nur durch ein wellenartiges Verhalten von Licht erklären lassen.

Robert Hooke

Die Entdeckung des nächsten Wellenphänomens ließ nicht lange auf sich warten. Im Jahr 1665, fünf Jahre nachdem Grimaldi die Beugung fand, entdeckte Robert Hooke (1635–1703) farbige Streifenmuster an dünnen Plättchen. Hooke, der uns schon als Entdecker des hookeschen Gesetzes der Mechanik und der Zelle in höheren Lebewesen begegnet ist, deutete dies richtig als Überlagerung von Wellen die an der Ober- und Unterseite der Plättchen reflektiert werden, eine Erscheinung, die man als Interferenz bezeichnet. Hooke hatte die Vorstellung, dass es sich bei Licht um die schnelle Schwingung eines Mediums handelt. Außerdem vermutete er, dass jede Schwingung der Ausgangspunkt einer kugelförmigen Welle sei – damit war schließlich die Wellentheorie des Lichts geboren, die von Christiaan Huygens (1629–1695) weiter entwickelt werden sollte.

? Schon gewusst?

Treffen verschiedene Lichtwellen gleicher Wellenlänge aufeinander, so kommt es zu Interferenz (Überlagerung) der beiden Wellen.
An Orten, wo zwei Wellenberge aufeinander treffen, entsteht positive Interferenz (also ein heller Streifen), trifft ein Wellenberg der einen Welle auf ein Tal der anderen Welle, so löschen sie sich gegenseitig aus (negative Interferenz, dunkler Streifen).

Christiaan Huygens

Der holländische Naturforscher Christiaan Huygens (1629–1695) ist uns schon als herausragender Astronom und Physiker begegnet. Besondere Berühmtheit sollte er auf dem Gebiet der Optik erlangen, wo er die bereits von Francesco Maria Grimaldi (1618–1663) und Robert Hooke (1635–1703) angedachte Wellentheorie des Lichtes vollendete. Ausgangspunkt seiner Überlegungen ist die heute als huygenssches Prinzip bekannte Hypothese, dass jeder Punkt im Raum der von einer Lichtwelle getroffen wird, als Ausgangspunkt einer gleichphasigen, kugelförmigen Lichtwelle anzusehen ist. Auf diesem Prinzip aufbauend konnte Huygens das Reflexionsgesetz, das snelliussche Brechungsgesetz, die Interferenz von Licht und die Beugung am Rand eines Hindernisses erklären. Die Wellentheorie des Lichts hatte ihren vorläufigen Höhepunkt erreicht.

Christiaan Huygens

! Kalkspat-Kristall

Im Jahr 1669 entdeckte der dänische Naturforscher Erasmus Bartholinus (1625–1698) eine verblüffende Erscheinung. Beim Hantieren mit einem durchsichtigen Kristall des Minerals Calcit (auch als isländischer Spat oder Kalkspat) bekannt, bemerkte er, dass beim Blick durch den Kristall dahinterliegende Objekte doppelt erscheinen! Die Erklärung für dieses Phänomen, das unter dem Namen Doppelbrechung bekannt ist, werden wir im Laufe dieses Kapitels geben.

Doch Huygens gelang noch eine weitere wichtige Entdeckung: Er versuchte, die seltsamen Doppelabbildungen durch Kalkspat-Kristalle zu erklären, und stellte die Hypothese auf, dass es „zwei Arten von Lichtwellenarten“ geben muss, die beim Durchgang durch den Kalkspat unterschiedlich gebrochen werden. Damit hat er eine Vorahnung einer wichtigen Eigenschaft des Lichts, der Polarisation. Darunter versteht man, dass Lichtwellen senkrecht zur Ausbreitungsrichtung (transversal) schwingen. Unter bestimmten Voraussetzungen kann auch nur eine Schwingungsebene auftreten, dann spricht man von linear polarisiertem Licht.

Isaac Newton

Etwa zur gleichen Zeit wie Christiaan Huygens (1629–1695) setzte sich ein weiterer namhafter Physiker mit der Natur des Lichts auseinander. Es ist kein geringerer als der Begründer der klassischen Mechanik Isaac Newton (1643–1727). In seinen optischen Experimenten versuchte Newton, die Frage nach der Natur des Lichts zu beantworten: Ist Licht ein Strom von Teilchen oder eine Welle? Das zentrale Experiment führte Newton mit einem Glasprisma durch. Ein Prisma ist ein Körper, der durch zwei parallele dreieckige Flächen begrenzt ist. Newton ließ weißes Licht durch das Prisma fallen und beobachtete eine regenbogenartige Aufspaltung des Lichtes in die Spektralfarben von rot über gelb, grün und blau bis violett. Daraus schlussfolgerte Newton völlig korrekt, dass weißes Licht ein Gemisch einer ganzen Reihe von unabhängigen Farben ist. In der eigentlich kritischen Frage, ob Licht aus Teilchen oder aus Wellen besteht, vertrat Newton zunächst eine eigenartige Mischtheorie. Er sah Licht als Teilchen an, die bei ihrer Ausbreitung das alles durchdringende Medium des „Äthers" in Schwingungen versetzten, wobei die Farbe Rot den langen Schwingungen, die Farbe Violett hingegen den kurzen Schwingungen zuzurechnen sei. Trotz dieser frühen Ansicht wurde Newton in seinen späten Jahren ein eiserner Verfechter der Teilchentheorie des Lichts. Damit machte er sich nicht nur zum erklärten Gegner der Wellentheorie von Christiaan Huygens (1629–1695) und dessen Mitstreitern,

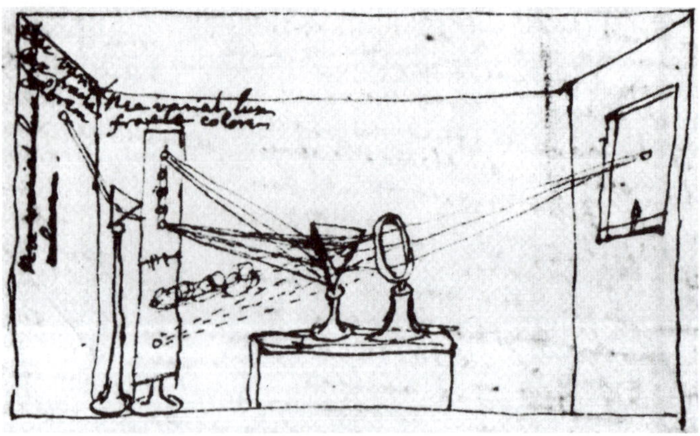

Zeichnung von einem von Newtons Experimenten

Isaac Newton

nein, durch sein gewaltiges Ansehen brachte er die Wellentheorie in Misskredit und jede weitere Forschung über die Wellennatur des Lichts nahezu zum Erliegen. Dies sollte sich erst mit Forschern wie Thomas Young (1773–1829) und Augustin Jean Fresnel (1788–1827) ändern.

Thomas Young

Die Wiederbelebung der Wellentheorie des Lichts nach dem wie ein Dogma angesehenen Teilchenbild des Isaac Newton (1643–1727) ist eng mit dem Namen des englischen Arztes, Physikers und Ägyptologen Thomas Young (1773–1829) verknüpft. Young, der bereits mit zwei Jahren lesen konnte und in seiner Jugend ein Dutzend Sprachen lernte, arbeitete nicht nur an der Entzifferung der ägyptischen Hieroglyphen und als Arzt, sondern sollte auch mit genialen Experimenten und theoretischen Erklärungen dem Wellenbild des Lichts neuen Auftrieb verleihen. Eines seiner Schlüsselexperimente ist der nach ihm benannte Doppelspalt, eine Wand mit zwei dünnen parallelen Schlitzen, die auf der einen Seite von Licht einer Wellenlänge bestrahlt wird, das auf der anderen Seite auf einem Schirm beobachtet werden kann. In diesem Versuch kann man auf dem Schirm ein System von zahlreichen schmalen, parallel zu den Spalten verlaufenden Streifen beobachten, die man im Wellenbild des Christiaan Huygens (1629–1695) zwanglos als Interferenz (Überlagerung) von Wellen erklären kann. Die Wellentheorie liefert Young auch die Erklärung für bereits früher beo-

! Die Entdeckung der UV-Strahlung

Während das sichtbare Licht lange Zeit als isoliertes Phänomen betrachtet wurde, erhielt man im Jahr 1802 erstmals einen Hinweis darauf, dass es verwandte Strahlungsarten mit verschiedener Wellenlänge geben muss.
In jenem Jahr entdeckte nämlich der deutsche Physiker Johann Wilhelm Ritter (1776–1810), dass es jenseits des violetten Endes des sichtbaren Spektralbereich noch eine andere Art von Strahlung geben muss: die Ultraviolett- oder UV-Strahlung.

? Schon gewusst?

Die newtonschen Ringe sind eine Abfolge von hellen und dunklen, nahezu kreisförmigen Ringen, die man beobachten kann, wenn man zwei (nicht perfekt) ebene Glasflächen aufeinanderdrückt.
Sie entstehen durch die Überlagerung von Wellen, wobei zwei Wellenberge einen hellen Streifen, ein Berg und ein Tal einen dunklen Streifen hervorrufen.

bachtete Interferenzphänomene wie die farbigen Muster, die an dünnen Plättchen entstehen, und die newtonschen Ringe.
Trotz dieser ungeheuren Erfolge bei der Erklärung von Interferenzphänomenen im Rahmen der Wellentheorie wurde Thomas Young für seine Forschungen zum Teil heftig kritisiert. Der newtonsche Glaube an die Teilchennatur des Lichts war bei seinen Nachfolgern noch nicht gebrochen.

Augustin Jean Fresnel

Der nächste gewichtige Verfechter der Wellentheorie war der französische Physiker Augustin Jean Fresnel (1788–1827). Fresnel erweiterte das huygenssche Prinzip der Elementarwellen um das Interferenzprinzip und konnte damit insbesondere erstmals die Beugungsmuster erklären, die beim Schattenwurf von Licht an einem Hindernis entstehen.
Wir erinnern uns, dass die Beobachtung dieser Muster durch Francesco Maria Grimaldi (1618–1663) im Jahr 1660 der erste Hinweis auf die Wellennatur des Lichtes war.
Auch zeigte Fresnel, dass sich eine geradlinige Ausbreitung von Licht auch im Rahmen des Wellenmodells erklären läßt, womit er einen der Hauptkritikpunkte von Isaac Newton (1643– 1727), dem Verfechter der Lichtteilchen, entkräftete.
Einen begeisterten Anhänger der Wellentheorie fand Fresnel in seinem Landsmann Dominique François Jean Arago (1786–1853). Nichtsdestoweniger glaubten Fresnel und Arago ebenso wie Thomas Young fälschlicherweise, dass es sich bei Lichtwellen um longitudinale Wellen (ähnlich den Schallwellen, die sich als Druckschwankungen in der Luft ausbreiten) handelt. Es sollte noch etwas dauern, bis sich das richtige Bild von den transversalen Lichtwellen durchsetzen sollte. Ein wichtiger Schritt in diese Richtung war die Entdeckung, dass nicht nur kristalline Medien wie der schon vorgestellte Kalkspat das Licht „polarisieren“, sondern dass dies auch bei der Reflexion geschieht.

Étienne Louis Malus

Wichtige neue Erkenntnisse zur Polarisation verdanken wir dem französischen Ingenieur und Physiker Étienne Louis Malus (1775–1812). Malus untersuchte den Reflexionsvorgang von Licht an Oberflächen und konnte zeigen, dass es dabei zu einer teilweisen oder vollständigen lineare Polarisation kommt.

Weiterhin untersuchte Malus die von Erasmus Bartholinus (1625–1698) gefundene Doppelbrechung im Kalkspatkristall. Malus fand heraus, dass das unterschiedliche Verhalten der beiden Strahlen im Kristall durch die beiden unterschiedlichen Polarisationsebenen hervorgerufen werden.

Unter dem Eindruck der Entdeckungen von Malus, die sich mit longitudinalen Lichtwellen nicht erklären lassen, rangen sich Young, Arago und Fresnel schließlich zur richtigen Erkenntnis durch: Licht ist eine transversale Welle! In der vereinheitlichten Theorie des Elektromagnetismus von James Clerk Maxwell (1831–1879) fanden diese Lichtwellen eine Interpretation als elektromagnetische Wellen, transversale Schwingungen von elektrischem und magnetischem Feld im Raum.

An diesem Punkt hatte die Wellentheorie des Lichts ihren vorläufigen Höhepunkt erreicht. Alle bekannten Phänomene ließen sich im Rahmen dieses Modells interpretieren und sie entwickelte sich von der Theorie einer kleinen Minderheit zur Mehrheitsmeinung in der Physik. Erst das ausgehende 19. und beginnende 20. Jahrhundert sollte mit Albert Einstein (1879–1955) einen Physiker hervorbringen, der an diesem Modell rüttelte. Wie wir später noch sehen werden, verhält sich das Licht manchmal wie eine Welle, manchmal aber auch wie ein Teil-

? Schon gewusst?

Licht ist eine transversale Welle. Das bedeutet, dass die Wellenschwingung immer senkrecht zur Ausbreitungsrichtung stattfindet. Stellen wir uns vor, dass sich Licht auf dem Papier des Buches von links nach rechts ausbreitet. Dann finden die Wellenschwingungen senkrecht dazu, also entweder von oben nach unten oder von vorne nach hinten statt.

Stellen wir uns weiter vor, dass wir es mit einem Lichtstrahl zu tun haben, bei dem z. B. nur Schwingungen von oben nach unten stattfinden (und nicht von vorne nach hinten). Dann hätten wir es mit einem linear polarisierten Strahl zu tun. Die Bezeichnung hat Étienne Louis Malus (1775-1812) geprägt.

chen. Dieser Welle-Teilchen-Dualismus wird uns bei der Beschreibung der Quantenmechanik noch eingehend beschäftigen.

Optisches Verhalten von Zucker

Eine für Biochemie und Physik überaus bedeutsame Entdeckung gelang im Jahr 1818 dem deutschen Physiker Thomas Johann Seebeck (1770–1831). Seebeck untersuchte den Einfluss von wässrigen Zuckerlösungen auf Lichtstrahlen. Beim Durchstrahlen einer Zuckerlösung mit polarisiertem Licht bemerkte er einen erstaunlichen Effekt: Die Zuckerlösung verdrehte die Polarisationsrichtung des Lichts relativ zur ursprünglichen Richtung! Dieser Effekt, der als optische Aktivität bekannt ist, geht auf die räumliche Struktur des Zuckermoleküls zurück und lässt sich noch bei vielen anderen organischen Substanzen beobachten.

! Die Faraday-Rotation

Im Jahr 1845 entdeckte Michael Faraday (1791–1867) einen seltsamen Effekt, der bereits einen Zusammenhang zwischen Licht und den elektromagnetischen Phänomenen vorausahnen ließ. Faraday fand heraus, dass die Schwingungsebene von polarisiertem Licht in einem Magnetfeld gedreht wird! Eine Erklärung für dieses Phänomen konnte erst nach der Identifizierung von Licht als elektromagnetische Welle gefunden werden.

Der weitere Weg der Optik

Nach der Entschlüsselung der Wellennatur des Lichts blieb die physikalische Optik aber nicht stehen. Drei Weiterentwicklungen waren entscheidend: Technischer Fortschritt brachte bessere optische Instrumente hervor, über die Maxwell-Gleichungen gelang der Anschluss an die Theorie der elektromagnetischen Phänomene und über die Spektralanalyse der an die Atomphysik und später letztlich an die Quantenmechanik. Über Maxwells Theorie haben wir bereits berichtet, nun wollen wir uns den anderen beiden Entwicklungszweigen zuwenden. Sie wurden maßgeblich von einem Mann geprägt: Joseph von Fraunhofer.

Joseph von Fraunhofer

Joseph von Fraunhofer (1787–1826) war ein begnadeter Glastechniker. Die von ihm geschmolzenen und geschliffenen Linsen und die daraus gefertigten optischen Geräte erlangten Weltruhm. Damit wurde Fraunhofer Wegbereiter für die optische Industrie in Deutschland. Fraunhofer baute insbesondere Teleskope für die Astronomie und entwickelte Spektroskope, mit denen sich das Licht in seine Spektralfarben zerlegen läßt. Neben Glasprismen, die schon Isaac Newton (1643–1727) zur Spektralzerlegung von Licht gedient hatten, verwendete er dafür auch Beugungsgitter, eine Vielzahl von bis zu 300 sehr feinen Linien pro Millimeter Glas, die sich für hochgenaue Wellenlängenmessungen eignen.

Neben seinen ausgezeichneten Instrumenten war es vor allem eine Entdeckung die Joseph von Fraunhofer berühmt machte. Mit einem seiner Spektroskope entdeckte er im Jahr 1814 dunkle Linien im Spektrum der Sonne! Diese dunklen Linien, die bereits im Jahr 1804 unabhänging von Fraunhofer von William Hyde Wollaston (1766-1828) gesehen worden waren, werden noch heute ihm zu Ehren als Fraunhofer-Linien bezeichnet. Der Ursprung dieser Linien war lange Zeit unklar, erst die Arbeiten von Robert Wilhelm Bunsen (1811–1899) und Gustav Robert Kirchhoff (1824–1887) sollten ihre Entstehung und Bedeutung erhellen.

> **! Der Doppler-Effekt**
>
> Im Jahr 1842 entdeckt der österreichische Physiker Christian Johann Doppler (1803–1853) den heute nach ihm benannten Effekt. Er beschreibt das Phänomen, dass die wahrgenommene Frequenz einer Schallquelle von ihrer Geschwindigkeit relativ zum Empfänger abhängt: Nähert sie sich, so ist der Ton höher, entfernt sie sich, so wird der Ton tiefer.
>
> Jeder, an dem schon einmal ein Einsatzfahrzeug mit eingeschalteter Sirene vorbeigefahren ist, kennt diesen Effekt. Ein ähnlicher Effekt tritt auch beim Licht auf: Nähert sich die Quelle, so scheint ihre Strahlung zum Blauen verschoben, entfernt sie sich, zum Roten verschoben.

Die Erklärung der Spektrallinien

Die Erklärung für die 1804/14 von Wollaston (1804) und Fraunhofer (1814) entdeckten dunklen Linien im Sonnenspektrum ließ bis zum Jahr 1859 auf sich warten. In diesem Jahr führte der deutsche Chemiker Robert Wilhelm Bunsen (1811–1899) Experimente mit dem nach ihm benannten Gasbrenner durch. Er untersuchte das Phänomen, dass die Flamme unterschiedliche Farben annahm, wenn er verschiedene Salze in ihr verbrannte. Sein Ziel war es, die Farben als charakteristisches Merkmal für die chemische Analyse zu verwenden. Auf Anraten seines Freundes, des

Physikers Gustav Robert Kirchhoff (1824–1887) betrachtete er die Flamme mit einem Spektroskop. Zu seinem Erstaunen beobachtete er ein System von hellen Linien im Spektrum. Und noch mehr: Bei Zugabe von geeigneten Salzen konnte er helle Linien erzeugen, die exakt an den Stellen der dunklen Fraunhofer-Linien des Sonnenspektrums auftreten! Damit war klar, dass verschiedenen chemische Elemente Spektrallinien mit charakteristischer Wellenlänge zugeordnet werden können. Helle Linien bezeichnet man als Emissionslinien, dunkle Linien als Absorptionslinien. Bunsen und Kirchhoff konnten außerdem nachweisen, dass der Unterschied zwischen Emission und Absorption in der relativen Temperatur liegt: Durchläuft Licht mit einem kontinuierlichen Spektrum ohne Linien ein kühleres Gas, so kann man im Spektrum die Absorptionslinien des Gases feststellen. Ist das Gas dagegen heißer, so erscheinen die Linien in Emission.

Mit diesen wichtigen Entdeckungen war die Spektralanalyse begründet. Sie ermöglichte nicht nur die Entdeckung und Unterscheidung verschiedener Elemente, sie ist auch für die Astrophysik ein überaus bedeutendes Hilfsmittel, um aus ihren Spektren Aussagen über die Elementenzusammensetzung weit entfernter Himmelskörper zu treffen. Die genaue Erklärung des Emissions- bzw. Absorptionsprozesses in den Atomen blieb allerdings der Quantenmechanik des 20. Jahrhunderts vorbehalten, der wir uns später noch zuwenden wollen.

! Besteht die Sonne aus Wasserstoff und Helium?

Der Schwede Anders Jonas Ångström (1814–1874) untersuchte das Sonnenspektrum genauer und konnte im Jahr 1862 feststellen, dass einige Linien vom Wasserstoff verursacht werden. Nur kurze Zeit später, im Jahr 1868, fand Joseph Norman Lockyer (1836–1920) ein bis dahin auf der Erde unbekanntes Element, das er nach dem griechischen Wort für Sonne „Helium" nannte. (Später wurde Helium auch auf der Erde nachgewiesen.) Damit waren die beiden häufigsten Elemente der Sonne identifiziert.

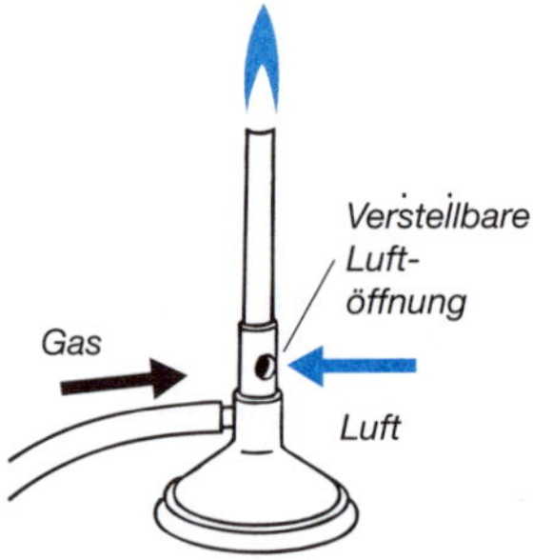

Bunsenbrenner

Thermodynamik

Bevor wir uns der Physik der Moderne zuwenden, wollen wir noch eingehend die historischen Entwicklung des letzten Zweigs der klassischen Physik zuwenden - der Theorie der Wärme oder Thermodynamik. Diese spaltet sich auf in zwei Bereiche, eine phänomenologische Seite, welche die Vorgänge in empirischen Gesetzen beschreibt, und in die statistische Physik, welche das Verhalten der makroskopischen Systeme auf die statistischen Eigenschaften von sehr vielen mikroskopischen Teilchen zurückführt, aus denen das makroskopische System besteht.

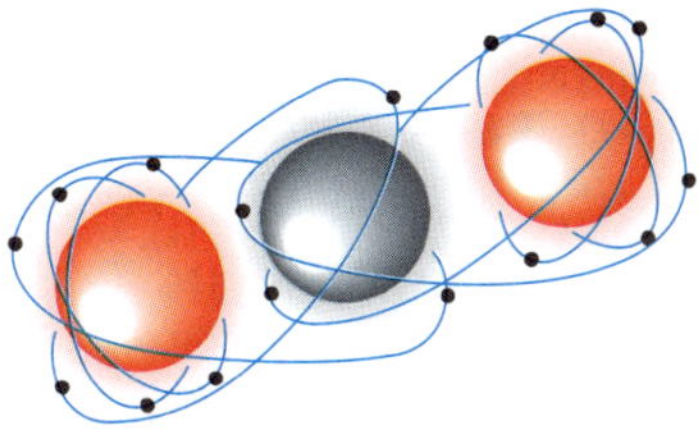

Molekül (Modell)

Wärme: Stoff oder Bewegung?

Grundlegende Wärmeerscheinungen sind der Menschheit seit der Zeit der frühen Hochkulturen bekannt. Nicht nur haben wir ein intuitives Verständnis des Temperaturbegriffs, von „heiß" und „kalt", sondern kennen die wärmespendende Wirkung des Feuers und seine Bedeutung beispielsweise für die Bearbeitung von Metallen, die eine wesentliche Voraussetzung für die kulturelle Entwicklung der Menschheit ist.

Doch jenseits dieses intuitiven Verständnisses wird es schon schwieriger und so hat die Frage nach der Natur der Wärme die Physiker über Jahrhunderte beschäftigt. Bis ins 19. Jahrhundert war die Physik der Wärme in zwei grundsätzlich verschiedene Schulen gespalten. Während die eine Gruppe die Meinung vertrat, Wärme sei ein unzerstörbarer Stoff, hielten die anderen Wärme für die Bewegung der kleinen Teilchen, aus denen ein Körper oder ein Gas besteht.

Francis Bacon

Chronologie der Thermodynamik

Galileo Galilei (1564–1642): Vorläufer des Thermometers
Daniel Gabriel Fahrenheit (1686–1736), René-Antoine **Ferchault de Réaumur** (1683– 1757), **Anders Celsius** (1701–1744): Thermometer, Temperaturskala
Evangelista Torricelli (1608–1647), **Blaise Pascal** (1623–1662): Luftdruck
Robert Boyle (1627–1691), **Edme Mariotte** (um 1620–1684): Boyle-Mariotte-Gesetz
Daniel Bernoulli (1700–1782): kinetische Gastheorie
Benjamin Thompson (1753–1814): Wärme ist Bewegung
Joseph Louis Gay-Lussac (1778–1850): Gay-Lussac-Gesetz
Sadi Carnot (1796–1832): Wirkungsgrad von Maschinen
Benoît Pierre Émile Clapeyron (1799–1864): ideale Gasgleichung
Rudolf Clausius (1822–1888): Entropie, 1. und 2. Hauptsatz der Thermodynamik
William Thomson (Lord Kelvin, 1824–1907): absoluter Temperaturnullpunkt
James Clerk Maxwell (1831–1879): Geschwindigkeitsverteilung der Moleküle
Ludwig Boltzmann (1844–1906): statistische Physik, Bedeutung der Entropie

Ein früher Vertreter der Bewegungstheorie, die man auch als kinetische Theorie bezeichnet, war der englische Philosoph Francis Bacon (1561–1626), der Wegbereiter einer empirisch-experimentellen Wissenschaft. Für ihn war Wärme nichts anderes als die Bewegung der inneren Teile eines Körpers. Diese Ansicht wurde auch vom Philosophen John Locke (1632–1704) und vielen namhaften Physikern, darunter Robert Hooke (1635–1703), Robert Boyle (1627–1691), Isaac Newton (1643–1727), Gottfried Wilhelm Leibniz (1646–1716), Henry Cavendish (1731–1810), Thomas Young (1773–1829) und Humphrey Davy (1778–1829) vertreten.

Antoine Laurent Lavoisier

Als Hauptargument für die kinetische Theorie galt die Erzeugung von Wärme durch Reibung oder Schläge auf einen Körper.
Trotz dieser prominenten Schar von Vertretern der kinetischen Theorie geriet sie in der zweiten Hälfte des 18. Jahrhundert in die Defensive. Dies verdankt sie maßgeblich einem vehementen Befür-

worter der Stofftheorie, dem Chemiker Antoine Laurent de Lavoisier (1743–1794). Seinem Vorbild folgten weitere Anhänger dieser Vorstellung wie z. B. Joseph Black (1728–1799), Pierre Simon Marquis de Laplace (1749–1827), John Dalton (1766–1844), John Leslie (1766–1832), Claude Berthollet (1748–1822) und Jöns Jakob Freiherr von Berzelius (1779–1848). Es sei bemerkt, dass sich in dieser Liste auffällig viele Namen von Chemikern finden. Nach ihrer Meinung ist Wärme ein sehr feiner Stoff, das Caloricum, das den ganzen Raum erfüllt und in materielle Körper eindringen und wieder austreten kann. Wird ein Körper erhitzt, so fließt mehr Caloricum in ihn hinein und verursacht dadurch die beobachtete Ausdehnung bei zunehmender Erwärmung. Da man keinerlei Hinweis auf eine Gewichtszunahme bei Erwärmung fand, musste das Caloricum als gewichtslos betrachtet werden.

Heute wissen wir, dass die kinetische Theorie richtig ist, dass Wärme also tatsächlich der äußere

Pierre Simon de Laplace

Ausdruck der schnellen Bewegung von Teilchen ist. Ein wichtiger Schritt auf dem Weg zu dieser Entdeckung ist die Erfindung des Thermometers zur Messung der Wärme (genauer: der Temperatur) eines Körpers.

John Locke

Die Erfindung des Thermometers

Der erste Vorläufer des Thermometers, also eines Gerätes zur Messung der Temperatur eines Körpers, geht auf den berühmten italienischen Physiker Galileo Galilei (1564-1642) zurück. Galilei ist uns ja bereits als wichtiger Pionier der Mechanik und Astronomie begegnet. Galileis „Thermoskop“ bestand aus einer kleinen Glaskugel, deren Öffnung mit einer hohlen Glasröhre fest verbunden war. Mit dieser Vorrichtung machte Galilei folgende Entdeckung: Hielt er den Glaskolben für einige Zeit mit seiner Hand fest umschlossen (sodass sich der Kolben und die darin befindliche Luft auf die Temperatur des Körpers erwärmten), steckte anschließend das Glasröhrchen kopfüber ins

Wasser und löste die Hand vom Kolben, so stieg das Wasser langsam in der Röhre auf. Das Prinzip dieses Thermoskops besteht darin, dass sich die Luft (wie auch Flüssigkeiten und feste Körper) mit zunehmender Temperatur ausdehnt: Nachdem Galilei die Hand vom Glaskolben löste, kühlte sich die eingeschlossene Luft langsam ab, zog sich dabei zusammen und saugte das Wasser in der Röhre nach oben. Galileis Thermoskop hatte allerdings noch keine Skala mit definierten Temperaturfixpunkten und eignete sich daher schlecht für vergleichende Messungen. Auch beruhten spätere Thermometer durchweg auf der Ausdehnung von Flüssigkeiten und nicht von Gasen.

! Temperaturskalen

Die historisch älteste Temperaturskala geht auf Daniel Gabriel Fahrenheit (1686–1736) zurück, der 1714 vorschlug, die damals niedrigste beobachtete Temperatur einer Salz-Eis-Mischung als 0°- und die normale Körpertemperatur als 100°-Punkt zu definieren. Die Fahrenheit-Skala ist noch heute in angelsächsischen Ländern verbreitet. Die heute geläufigste Temperaturskala geht auf den schwedischen Astronomen Anders Celsius (1701–1744) zurück, der den Schmelzpunkt von Eis als 0°- und den Siedepunkt von Wasser als 100°-Marke festlegte. (Die auf René-Antoine Ferchault de Réaumur (1683–1757) zurückgehende Skala, die dieselben Punkte als 0° und 80° definiert, ist nur noch von historischem Interesse.

Anders Celsius

Neben der Verwendung von Wasser als Flüssigkeit im Thermometer führten Daniel Gabriel Fahrenheit (1686–1736) und René-Antoine Ferchault de Réaumur (1683–1757) unabhänging voneinander in den Jahren 1709 bzw. 1730 Alkohol-Thermometer ein. Beide Flüssigkeiten haben aber für die Verwendung im Thermometer entscheidende Nachteile: Mit Wasser lassen sich offensichtlich keine Temperaturen unter 0 °C messen, da es an diesem Punkt gefriert, und keine oberhalb von 100 °C, da es dann siedet. Alkohol löst zwar das Problem bei niedrigen Temperaturen, da er erst bei -114 °C gefriert, er verdampft aber bereits bei 78 °C. Da sich zur damaligen Zeit keine niedrigeren Temperaturen als etwa -18 °C erzeugen ließen, waren die Physiker an der genauen Messung höherer Temperaturen interessiert. Um dies zu ermöglichen, konstruierte Fahrenheit im Jahr 1714 das Quecksilberthermometer. Quecksilber gefriert erst bei -39 °C und bleibt bis 357 °C flüssig. Daher eignet es sich, trotz seiner Giftigkeit, sehr gut als Thermometerflüssigkeit.

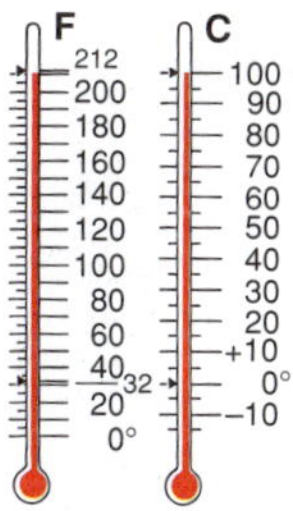

Temperaturskalen mit Fahrenheit- und Celsius-Einteilung. Der Gefrier- und Siedepunkt von Wasser ist jeweils durch ein Dreieck markiert.

Die Physik der Gase

Als wichtiges Arbeitsmittel der Physiker im 17. und 18. Jahrhundert für die Untersuchung der Gesetze der Thermodynamik erwiesen sich Gase. Diese lassen sich insbesondere relativ leicht im Labor studieren. Die drei wichtigsten charakteristischen Eigenschaften einer Gasmenge in einem Gefäß sind ihr Volumen, der Druck und die Temperatur. Das Volumen läßt sich leicht bestimmen, über das Thermometer zur Messung der Temperatur haben wir bereits gesprochen, es fehlt also nur noch eine Möglichkeit, den Druck zu messen.

? Schon gewusst?

Der Druck ist die Kraft pro Flächeneinheit, die ein Gas auf die Wand eines Gefäßes ausübt. Wir kennen ihn alle aus der Meteorologie als Luftdruck und als Eigenschaft von Hoch- und Tiefdruckgebieten.

Evangelista Torricelli

Der erste Nachweis des Luftdrucks und damit auch die erste Druckmessung wurde im Jahr 1644 vom italienischen Physiker Evangelista Torricelli (1608–1647) durchgeführt. Torricelli verwendete hierfür ein etwa ein Meter langes, einseitig geschlossenes Rohr, das er vollständig mit Quecksilber füllte. Dann verschloss er die offene Seite mit einem Stöpsel. Anschließend tauchte er das Rohr kopfüber in eine mit Quecksilber gefüllte Wanne und löste unterhalb der Quecksilberoberfläche den Stöpsel. Dabei sank der Quecksilberspiegel im Rohr so weit ab, dass die Differenz

? Schon gewusst?

Übrigens herrscht in Torricellis Rohr oberhalb der Quecksilberoberfläche ein Vakuum, der Raum ist also luftleer. Torricelli gelang damit auch die erste künstliche Erzeugung eines Vakuums, das nur wenig später Otto von Guericke (1602-1686) für seine berühmte Demonstration mit den „Magdeburger Halbkugeln“ ausnutzen sollte.

zwischen dem Spiegel in der Wanne und dem im Rohr etwa 760 Millimeter betrug. Dieser Flüssigkeitsstand im Rohr lässt sich als Kräftegleichgewicht verstehen zwischen der Gravitationskraft, die auf die Quecksilbersäule im Rohr wirkt und der Kraft, die der Luftdruck auf das Quecksilber ausübt. Torricelli hatte damit das erste Barometer, wie man ein Gerät zur Messung des Drucks nennt, erfunden. Noch heute wird der Druck manchmal in „mm Hg“ (also Millimeter Quecksilbersäule nach dem chemischen Symbol „Hg“ für Quecksilber) angegeben, eine Einheit, die man Torricelli zu Ehren auch als „Torr“ bezeichnet.

Blaise Pascal

Eine weitere wichtige Entdeckung in Bezug auf den Luftdruck gelang dem französischen Philosophen, Mathematiker und Physiker Blaise Pascal (1623–1662). Pascal führte bei der Besteigung eines Berges ein Barometer mit sich und maß den Luftdruck in verschiedenen Höhen. Dabei stellte er fest, dass der Druck mit zunehmender Höhe abnimmt. So konnte er das Barometer als Gerät zur Messung der Höhe einführen. Mit dieser Entdeckung sollte das Barometer zu einem wichtigen Hilfsmittel bei der geografischen Vermessung unseres Planeten werden.

Blaise Pascal

Boyle und Mariotte

Nachdem mit der Erfindung von Thermometer und Barometer die technische Grundlage für die Messung von Temperatur und Druck gegeben waren, konnten sich die Physiker der Untersuchung des Verhaltens von Gasen zuwenden. Volumen, Druck und Temperatur sind die drei Haupteigenschaften eines Gases. Die erste wichtige Erkenntnis über den Zusammenhang zwischen diesen drei Zustandsgrößen verdanken wir dem britischen Physiker und Chemiker Robert Boyle (1627–1691). Dieser beobachtete im Jahr 1679, dass bei einem Gas, das auf konstanter Temperatur gehalten wird, das Produkt aus Druck und Volumen immer gleich bleibt. Anschaulich bedeutet dies, dass der Druck in einem Gas ansteigt, wenn man das Volumen bei konstanter Temperatur verkleinert, und zwar so, dass im halben Volumen der doppelte Druck, im Drittel Volumen der dreifache Druck usw. herrscht. Im gleichen Jahr hatte der französische Physiker Edme Mariotte (um 1620–1684) das Gesetz auf theoretischem Weg erkannt, weshalb es heute als Boyle-Mariottesches Gesetz bezeichnet wird. Dieses Gesetz sollte ein wichtiger Schritt auf dem Weg der Entschlüsselung des Verhaltens der Gase sein.

Energie von Gasteilchen

Einen ersten Durchbruch der kinetischen Gastheorie, wonach Wärme ein Resultat der schnellen ungeordneten Bewegung der Teilchen eines Körpers oder Gases ist, lieferte der schweizerische Mathematiker Daniel Bernoulli (1700–1782). Bernoulli ist innerhalb der historischen Entwicklung der Mechanik auch als Begründer der Hydrodynamik, der Lehre von der Strömung von Flüssigkeiten, bekannt. In einem einfachen Argument konnte Bernoulli zeigen, dass in einem Gas das Produkt aus Druck und Volumen gleich einem einfachen Ausdruck ist, der im Wesentlichen das Produkt aus einer Zahl, der Teilchenzahl im Gas, und der mittleren Bewegungsenergie (kinetische Energie) der Teilchen enthält. Dies steht aber offenbar in engem Zusammenhang mit dem Gesetz von Boyle und Mariotte, wonach eben dieses Produkt aus Druck und Volumen bei konstanter Temperatur immer gleich ist. Wenn man nun annimmt, dass konstante Tempe-

! Edme Mariotte und die Atmosphäre der Erde

Edme Mariotte (um 1620–1684) ist ebenfalls bekannt für das Aufstellen der barometrischen Höhenformel. Diese gibt an, wie der Luftdruck mit der Höhe abnimmt (dies geschieht exponentiell), und liefert damit eine theoretische Begründung für das von Blaise Pascal (1623–62) gefundene Phänomen. Die Herleitung der barometrischen Höhenformel beruht übrigens auf dem Boyle-Mariotteschen Gesetz, wonach bei konstanter Temperatur das Produkt aus Druck und Volumen eines Gases konstant ist.

ratur einer konstanten mittleren Bewegungsenergie der Teilchen entspricht, so liefert der Ausdruck von Bernoulli eine theoretische Begründung für das Boyle-Mariottesche-Gesetz. Und noch mehr: Er gibt uns einen ersten Hinweis auf den Zusammenhang zwischen Temperatur und Bewegungsenergie der Teilchen im Gas.

Körperwärme

Seit der Erfindung und Weiterentwicklung des Thermometers stellte die Messung der Temperatur für die Physiker keine Schwierigkeit mehr dar. Aber man muss die Temperatur von der Wärmemenge, die ein warmer Körper enthält, unterscheiden. (Wie sich später herausstellen sollte, ist die Wärme nichts anderes als eine Form von Energie.) Die erste Bestimmung der Wärmemenge geht auf den schottischen Chemiker Joseph Black (1728–1799) zurück. Blacks intuitives Verständnis der Wärmemenge war stark von der (falschen) Vorstellung des Caloricums, des Wärmestoffs, geprägt. Er stützte seine Untersuchungen auf Experimente mit kalten Körpern, die in warmem Wasser aufgewärmt werden. Black nahm an, dass die Wärmemenge, die der kalte Körper aufnimmt, genauso groß ist wie diejenige, die das Wasser verliert. (Übrigens ist das völlig richtig, wenn man statt vom Wärmestoff von der Wärmeenergie spricht: Es handelt sich um nichts anderes als um eine spezielle Form des Energieerhaltungssatzes.) Unter dieser Annahme konnte Black zeigen, dass die aufgenommene bzw. abgegebene Wärmemenge abhängt von der Masse des Stoffes, von der Temperaturdifferenz und von einer für jedes Material charakteristischen Konstanten, die man als die spezifische Wärme bezeichnet. Diese spezifische Wärme gibt an, wie viel Energie man benötigt, um ein Kilogramm eines Stoffes um ein Grad zu erwärmen.

Graf Rumford

Während Joseph Black (1728–1799) bei seiner Entdeckung der spezifischen Wärme von der Vorstellung des Wärmestoffes geprägt

? Schon gewusst?

Neben der spezifischen Wärme entdeckte Joseph Black auch die Schmelzwärme von Eis. Beim Schmelzvorgang müssen die Wassermoleküle, die im festen Eis in einer Art Gitter verbunden sind, gelöst werden. Die dafür aufgebrachte Wärmemenge wird als Schmelzwärme bezeichnet. Sie dient am Schmelzpunkt nicht der Temperaturerhöhung, sondern allein dem Aufbrechen des Eisgitters.

war, erhielt die kinetische Theorie, wonach Wärme gleich Teilchenbewegung ist, durch Benjamin Thompson (1753–1814) entscheidenden Auftrieb. Thompson, gebürtiger Amerikaner, hatte im Unabhängigkeitskrieg mit den Engländern gekämpft und musste nach Europa auswandern. Er lebte in England, Deutschland und Frankreich, spionierte für verschiedene Staaten, war möglicherweise als Doppelagent tätig und versuchte die Leiden der Armen zu lindern. Zeitweise war er für den bayerischen Kurfürsten Karl Theodor tätig, für den er den Bau von Kanonen überwachte, an der Staatsverwaltung mitwirkte und den Englischen Garten in München entwarf. Für diese Leistungen wurde er zum Grafen Rumford geadelt.

Auch wenn dieses abenteuerliche Leben Stoff für so manchen Roman bietet, so ist Benjamin Thompson doch hauptsächlich als Physiker bekannt. Seine Arbeiten sollten zu einem wichtigen Indiz für die Richtigkeit der kinetischen Theorie werden. Oder um es in seinen eigenen Worten zu sagen: „Ich glaube, ich werde das Caloricum von der Bühne vertreiben."

Ausgangspunkt seiner Experimente ist eine Beobachtung, die er in seiner Funktion als Aufseher der Kanonenproduktion des bayerischen Kurfürsten machte. Ihm fiel die starke Wärmeentwicklung beim Kanonenbohren auf. Thompson entwarf ein geniales Experiment. Er konstruierte einen feststehenden Bohrer, den er mit einem Thermometer versah. Von Pferden angetrieben ließ er diesen Bohrer ein Loch in einen Kanonenrohling bohren. Wie erwartet heizten sich sowohl der Rohling als auch der Bohrer auf. Durch Isolierung des Bohrers gegen die Umgebung konnte Thompson zeigen, dass der Bohrer die Wärme nicht aus der Luft, sondern aus der Reibung mit dem Rohling erhielt. Die Wärme musste also durch die Reibung erzeugt worden sein, ein sehr überzeugendes

! Reibende Eiswürfel

Ein weiteres Experiment nach dem Vorbild von Benjamin Thompson (1753–1814) wurde von Humphry Davy (1778–1829), dem Mentor von Michael Faraday (1791–1867), durchgeführt. Er zeigte, dass zwei Eiswürfel schmelzen, wenn man sie im Vakuum aneinander reibt. Durch das Vakuum war jedes Zuströmen von Wärmestoff von außen ausgeschlossen. Da Wasser außerdem eine größere spezifische Wärme als Eis hat (also, anschaulich formuliert, mehr Wärmeenergie speichert), ist eine stoffliche Übertragung von Wärme daher ausgeschlossen.

Argument für die Wesensgleichheit von Wärme und Teilchenbewegung.

Druck eines Gasgemischs

Dem britischen Chemiker und Physiker John Dalton (1766–1844) verdanken wir ein Gesetz über den Druck einer Gasmischung. Mischt man zwei (chemisch nicht miteinander reagierende) Gase, so ist der Druck des Gemischs gleich der Summe der Drücke der beiden Einzelgase, die man in diesem Zusammenhang als Partialdrücke (also Teildrücke) bezeichnet.

John Dalton

Die Gesetze von Gay-Lussac

Das Verhalten von Gasen bei konstanter Temperatur wird durch das Boyle-Mariottesche-Gesetz beschrieben: In diesem Fall bleibt das Produkt aus Druck und Volumen konstant. Das Verhalten bei konstantem Druck gibt ein Gesetz an, das in den Jahren 1798 bzw. 1802 von den Franzosen Jacques

J. L. Gay-Lussac

Alexandre César Charles (1746–1823) und Joseph Louis Gay-Lussac (1778–1850) unabhängig voneinander gefunden wurde und heute als 1. Gay-Lussac-Gesetz bezeichnet wird: Bei konstantem Druck wächst das Volumen eines Gases linear mit der Temperatur an. Gay-Lussac konnte außerdem zeigen, dass die innere Energie eines Gases nicht von Druck oder Volumen, sondern nur von der Temperatur abhängt. Diese Erkenntnis wird 2. Gay-Lussac-Gesetz genannt. Auch diese beiden Gesetzmäßigkeiten sollten viel zum Verständnis des Verhaltens der Gase beitragen.

Die ungeheure Zahl von Gasmolekülen

Ein weiteres Mosaiksteinchen auf dem Weg zur Gasgleichung geht auf den Grafen von Quaregna und Ceretto, den Italiener Lorenzo Romano Amedeo Carlo Avogadro (1776–1856), zurück. Das Avogadro-Gesetz besagt, dass die Molekülzahl für ein Gas in einem abgeschlossenen Volumen bei konstantem Druck und konstanter Temperatur immer gleich ist. Die Zahl von Molekülen in einem Volumen von einigen Litern bei Raumtemperatur und Normaldruck bewegt sich in der Größenordnung von 10^{23}, also eine 1 mit 23 Nullen! Eine unvorstellbar große Zahl.

Sadi Carnot

Eine etwas tragische, aber nicht minder bedeutende Figur in der Geschichte der Thermodynamik stellt der französische Ingenieur und Physiker Nicolas Léonard Sadi Carnot (1796–1832) dar. In seinem kurzen Leben lieferte Sadi Carnot bahnbrechende Beiträge zur Theorie der Wärme, die allerdings beinahe in Vergessenheit geraten wären, wenn nicht seine großen Nachfolger Benoît Pierre Émile Clapeyron (1799–1864) und William Thomson (1824–1907), der spätere Lord Kelvin, Carnots Arbeiten gewürdigt hätten. Seine erste wichtige Entdeckung gelang ihm im Zusammenhang mit (patriotisch motivierten) Versuchen, den Wirkungsgrad von periodisch arbeitenden Wärmekraftmaschinen (z. B. Dampfmaschinen, Verbrennungsmotoren) zu verbessern. Dabei reduzierte er die Wirkungsweise einer Wärmekraftmaschine auf die wesentlichen, den Wirkungsgrad bestimmenden Charakteristika und ersann die Carnot-Maschine, eine hypothetische Folge von Prozessen, welche die Abschätzung des maximalen Wirkungsgrades einer Wärmekraftmaschine erlaubt. Im Zusammenhang mit diesen Arbeiten dachte Carnot über die Frage nach, ob es ein Perpetuum mobile gibt. Darunter versteht man eine periodisch arbeitende, ewig laufende Maschine, die entweder ohne äußere Energiezufuhr Energie (z. B. mechanische Arbeit) erzeugt (Perpetuum mobile 1. Art) oder Arbeit allein dadurch hervorbringt, dass sie einem Wärmereservoir Wärme entzieht (Perpetuum mobile 2. Art). Eine solche Maschine kann es natürlich nicht geben, und in der Sprache der modernen Thermodynamik wissen

! Elektronische Temperaturmessung

Im Jahr 1821 entdeckte der deutsche Physiker Thomas Johann Seebeck (1770–1831) einen heute nach ihm benannten faszinierenden Effekt. Bringt man zwei verschiedene Metalle oder Halbleiter unterschiedlicher Temperatur miteinander in Kontakt, so tritt zwischen ihnen eine elektrische Spannung auf.

Diese wichtige Entdeckung bildet die Grundlage für heute angewendete Verfahren der elektronischen Temperaturmessung.

wir, dass ein Perpetuum mobile 1. Art den Energiesatz (auch 1. Hauptsatz der Thermodynamik genannt) verletzen würde, ein Perpetuum mobile 2. Art den 2. Hauptsatz. Beide Grundgesetze der Thermodynamik waren zu Carnots Zeit noch nicht bekannt, aber aus seinen Arbeiten ist offensichtlich, dass er von beiden eine intuitiv richtige Vorstellung hatte. Obwohl er bei seinen Arbeiten von der falschen Vorstellung ausging, dass die Wärme ein Stoff sei, war Sadi Carnot also eine bemerkenswerte Forscherpersönlichkeit, die zahlreiche wichtige Entdeckungen auf dem Gebiet der Wärmelehre machte und die trotz ihres kurzen Lebens nachfolgende Physiker maßgeblich prägen sollte.

! Das Zittern kleiner Teilchen

Einen wichtigen Hinweis für die Richtigkeit der kinetischen Theorie findet im Jahr 1827 der schottische Botaniker Robert Brown (1773–1858) in seinem Mikroskop: Er sieht, dass Blütenstaubkörner oder andere kleine Teilchen in Wasser eine Zitterbewegung vollführen, die man heute als Brownsche Bewegung bezeichnet. Eine ausführliche Theorie der brownschen Bewegung, die auf Zusammenstöße der Flüssigkeitsmoleküle mit den Teilchen zurückzuführen ist, hat erst Albert Einstein (1879–1955) in seinem „Wunderjahr“ 1905 gegeben.

Die Gasgleichung in ihrer endgültigen Form

Die Forschungsarbeiten des Sadi Carnot (1796–1832) wurden von Benoît Pierre Émile Clapeyron (1799–1864) aufgenommen, bekannt gemacht und fortgesetzt. Er hat die Gleichung, welche Druck, Volumen und Temperatur eines idealen Gases in Beziehung bringt, in ihre endgültige Form gebracht. Wir kennen ja schon das Boyle-Mariottesche Gesetz, wonach bei konstanter Temperatur das Produkt aus Druck und Volumen konstant ist. Wir kennen auch das Gay-Lussacsche Gesetz, wonach bei konstantem Druck das Volumen linear mit der Temperatur anwächst. Und uns ist schließlich das Gesetz von Avogadro bekannt, wonach die Teilchenzahl verschiedener Gase in einem abgeschlossenen Volumen bei gleichem Druck und gleicher Temperatur immer gleich ist. All dies verbindet Clapeyron zur Gleichung für das ideale Gas, die besagt, dass das Produkt aus Druck und Volumen gleich ist dem Produkt aus Teilchenzahl, Temperatur und einer Konstanten. Alle drei genannten Gesetzmäßigkeiten lassen sich dann aus diesem Gesetz ableiten

Ein neuer Begriff: die Entropie

Einer der bedeutendsten Nachfolger von Sadi Carnot (1796–1832) ist der deutsche Physiker Rudolf Julius Emanuel Clausius (1822–1888). Clausius führte die Arbeiten Carnots zur Theorie der Wärmekraftmaschine weiter und erkannte, dass bei Erzeugung mechanischer Arbeit immer Wärme verbraucht wird. Noch wichtiger allerdings ist die Entdeckung des 2. Hauptsatzes der Thermodynamik: Dieser besagt, dass Wärme nie von selbst, sondern nur unter Aufwendung von Energie von einem kälteren zu einem wärmeren Körper fließen kann. Dies mag auf den ersten Blick trivial erscheinen, stellt aber eines der wichtigsten Prinzipien der Thermodynamik dar. Es ist der 2. Hauptsatz, der die Existenz eines Perpetuum mobile 2. Art ausschließt, also einer periodisch arbeitenden Maschine, die nur durch Wärmeaufnahme aus einem Reservoir immer während Arbeit verrichtet. Auch führte Rudolf Clausius eine neue physikalische Größe ein, die Entropie. Clausius bewies, dass die Entropie bei einem umkehrbaren Prozess gleich bleibt, bei einem unumkehrbaren Prozess aber anwächst. Im Universum ist die Entropie also eine Größe, die mit der Zeit zunimmt, und gibt daher eigenartigerweise eine Richtung vor. Die Zunahme der Entropie steht in engem Zusammenhang mit dem 2. Hauptsatz, tatsächlich kann man mathematisch zeigen, dass sie nur eine gleichwertige Formulierung darstellt.

Eine mehr oder weniger anschauliche Interpretation der Entropie musste auf die Forschungsarbeiten von Ludwig Boltzmann (1844–1906) warten.

? Schon gewusst?

Unter dem Begriff des „idealen Gases“ verstehen die Physiker ein Gas, dessen Teilchen durch elastische Stöße miteinander wechselwirken, und dessen Teilchen viel kleiner sind als die mittleren Abstände zwischen den Teilchen, sodass die innere Struktur der Teilchen keine Rolle für das Verhalten des Gesamtsystems spielt. Dies ist natürlich nur eine idealisierte Vorstellung, von der sich in der realen Welt durchaus interessante Abweichungen ergeben können.

Erster Hauptsatz der Thermodynamik

Die Entdeckung des ersten Hauptsatzes der Thermodynamik ist eng mit dem Namen des englischen Phyikers James Prescott Joule (1818–1889) verbunden. Eigentlich ist der erste Hauptsatz nämlich nichts anderes als eine spezielle Form des Energieerhaltungssatzes. Dieses grundlegende Prin-

? Schon gewusst?

Rudolf Clausius verdanken wir auch wichtige Beiträge zur kinetischen Theorie der Wärme. Ausgangspunkt war die Frage nach der Ausbreitung von stark riechenden Gasen in einem Zimmer im Rahmen der Theorie molekularer Stöße. Clausius löste das Problem, musste dafür aber einige noch heute verwendete Begriffe einführen, beispielsweise die „mittlere freie Weglänge" (der durchschnittliche Weg zwischen zwei Stößen) und den „Wirkungsquerschnitt" (die Fläche, innerhalb derer die Moleküle tatsächlich stoßen).

zip der Physik besagt, dass bei einem beliebigen Prozess die Gesamtenergie des Systems immer erhalten bleibt. Den Energieerhaltungssatz hatten unabhängig voneinander Hermann Ludwig Ferdinand von Helmholtz (1821–1894), James Prescott Joule (1818–1889) und Julius Robert Mayer (1814–1878) entdeckt. Für die Thermodynamik war er von Sadi Carnot (1796–1832) vorausgeahnt worden, aber erst Joule brachte das Prinzip klar zum Ausdruck. Die formale Vollendung im ersten Hauptsatz der Thermodynamik geht, wie so vieles in der Thermodynamik, auf Rudolf Clausius (1822–1888) zurück, der ja auch den zweiten Hauptsatz gefunden hatte.

Die Skala absoluter Temperaturen

Im Zusammenhang mit der Erfindung des Thermometers wurde schon auf die Temperaturskalen von Fahrenheit, Celsius und Réaumur hingewiesen, die sich durch die Definition ihrer Fixpunkte unterscheiden. Im 19. Jahrhundert entwickelte William Thomson, der spätere Lord Kelvin (1824–1907), die Vorstellung einer uneingeschränkt gültigen, absoluten Temperaturskala. Ausgangspunkt seiner Überlegungen waren die Arbeiten von Sadi Carnot (1796–1832) zum Wirkungsgrad von Wärmekraftmaschinen. Es zeigte sich, dass dieser Wirkungsgrad von der Temperaturdifferenz zwischen dem heißen und kalten Wärmereservoir abhängt, welches die Maschine zur Aufnahme bzw. Abgabe der Wärmeenergie verwendet.
Nun kann der Wirkungsgrad einer Wärmekraftmaschine natürlich nicht größer als 100 % sein (sonst würde die Maschine mehr Arbeit erzeugen als Wärme aufgewendet wird), und aus dieser Tatsache folgt unmittelbar, dass es einen absoluten Temperaturnullpunkt geben muss. Wenn man dann noch festlegt, welchem Temperaturanstieg eine Temperaturdifferenz von einem Grad entspricht

(Thomson wählte die gleiche Differenz wie die der alten Celsius-Skala), so hat man eine natürliche, absolute Temperaturskala. Der absolute Nullpunkt liegt übrigens in der Celsius-Skala bei -273,15°; die Einheit der absoluten Temperaturskala wird zu Ehren William Thomsons als „Kelvin" bezeichnet.

Moleküle im Gas

Ziel der kinetischen Theorie der Wärme ist es, die Gesetzmäßigkeiten der Thermodynamik aus den Eigenschaften und dem statistischen Verhalten der Vielzahl der Moleküle im Gas abzuleiten. Wir hatten bereits von den wichtigen Vorarbeiten des Daniel Bernoulli (1700-1782) berichtet, der das Produkt aus Druck und Volumen in einem Zusammenhang mit der mittleren Bewegungsenergie der Teilchen brachte. Aus der idealen Gasgleichung des Rudolf Clausius (1822-1888) wissen wir aber auch, dass dasselbe Produkt mit der Temperatur in Zusammenhang steht, dass also die Temperatur nichts anderes ist als ein Maß für die mittlere kinetische Energie der Gasteilchen. Die kinetische Energie steht aber natürlich mit der Teilchengeschwindigkeit in Zusammenhang, also stellt sicht die Frage: Mit welchen Geschwindigkeiten bewegen sich denn die Teilchen in einem Gas? Natürlich bewegen sich nicht alle Moleküle gleich schnell. Es gibt langsamere, es gibt schnellere, und die Frage sollte darum eigentlich genauer formuliert werden: Wie ist die Verteilung der Molekülgeschwindigkeiten in einem Gas bei einer bestimmten Temperatur? Die Antwort auf diese Frage

! Das Alter der Erde

Lord Kelvin wandte seine thermodynamischen Ergebnisse auch auf die Erde an und schätzte aus dem Temperaturgradienten an der Erdoberfläche über die Abkühlung der Erdkugel deren Alter auf 400 Mio. Jahre – viel zu niedrig im Vergleich zum modernen Wert von etwa fünf Milliarden Jahren. Er zog damit die Kritik von Geologen und Biologen auf sich, die für die recht langsam ablaufenden Entwicklungsprozesse viel längere Zeitskalen für nötig hielten. Doch auf Grund seiner Autorität glaubten viele an das falsche Ergebnis von Lord Kelvin, und er fügte beiden Wissenschaften dadurch einen gewissen Schaden zu, ermutigte sie aber zu eigener Forschungstätigkeit in dieser Richtung.
Kelvins „Fehler" bestand übrigens darin, dass er die Radioaktivität noch nicht kannte: Der radioaktive Zerfall von Kernen im Inneren der Erde verlangsamt die Abkühlung.

verdanken wir niemand Geringerem als dem Vater des Elektromagnetismus James Clerk Maxwell (1831–1879). Er konnte 1859 die heute nach ihm benannte maxwellsche Geschwindigkeitsverteilung vorstellen.

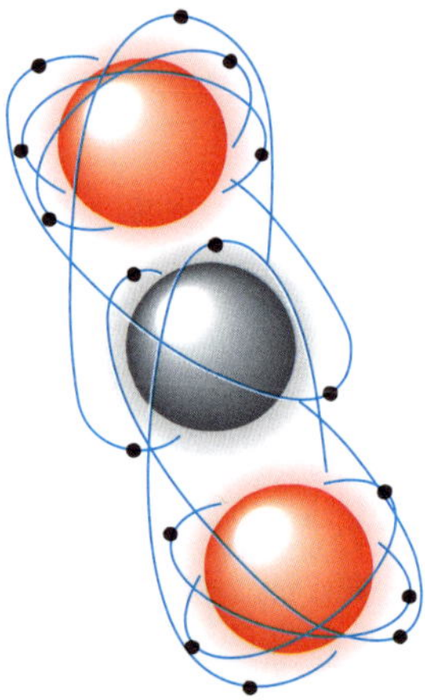

Molekül (Modell)

Phasenübergänge

Die Prinzipien der Thermodynamik beschreiben nicht nur das Verhalten eines Gases in Abhängigkeit von Druck, Volumen und Temperatur. Nein, auch Änderungen im Gas, sei es durch eine chemische Reaktion oder durch einen so genannten Phasenübergang (z. B. Gefrieren oder Sieden einer Flüssigkeit), können mit dem mathematischen Instrumentarium der Thermodynamik und Statistik genau beschrieben werden. Die dafür notwendigen Grundlagen wurden vom amerikanischen Physiker Josiah Willard Gibbs (1839–1903) gelegt.

Entropie

Die Interpretation der von Rudolf Clausius (1822–1888) eingeführten Entropie geht auf den österreichischen Physiker Ludwig Boltzmann (1844–1906) zurück. Die Entropie ist eine physikalische Größe, die fortwährend anwächst. Aber wie lässt sich diese Größe aus den statistischen Eigenschaften der vielen Moleküle im Gas ableiten? Boltzmanns Betrachtung begann im Phasenraum, einem sechsdimensionalen Raum, der nicht nur die drei Orts- sondern auch die drei Impulskoordinaten enthält. Der Impuls ist nichts an-

! Verhalten realer Gase

Die Gasgleichung, die Druck, Volumen und Temperatur in Beziehung zueinander setzt, gilt nur für „ideale Gase". Die Modifikation der Gleichung für wirkliche Gase verdanken wir Johannes Diderik van der Waals (1837–1923). Die Unterschiede gehen einerseits darauf zurück, dass die Moleküle nicht unendlich klein sind, sondern eine gewisse Ausdehnung haben, und andererseits auf Anziehungskräfte zwischen den Molekülen.

deres als das Produkt aus Masse und Geschwindigkeit der Teilchen. Im Phasenraum sind mögliche Zustände des Vielteilchensystems durch einzelne Zellen wiedergegeben, die Anzahl dieser Zellen ist also ein direktes Maß für die statistischen Möglichkeiten eines Systems. So führt z. B. eine Vergrößerung des Volumens einer Gasmenge zu vielen neuen Möglichkeiten der Verteilung der Gasteilchen im neuen, größeren Volumen. Boltzmann konnte beweisen, dass die Entropie mit der Anzahl der erlaubten Phasenraumzellen anwächst und gab damit den entscheidenden Hinweis auf die Verbindung zwischen statistischer Physik und traditioneller Thermodynamik. Etwas salopp kann man die Anzahl der erlaubten Mikrozustände als Maß für die Unordnung ansehen: Die stete Zunahme der Entropie kann also anschaulich als Streben nach Unordnung betrachtet werden. Im Grunde aber macht sie nur eine Aussage über Umkehr- und Unumkehrbarkeit von Prozessen. Hierzu ein Beispiel. Betrachten wir einen Kasten mit zwei Kammern, die durch eine bewegliche Wand getrennt sind. In einer Kammer sei ein Gas, die andere sei leer. Ziehen wir nun die Trennwand heraus, so werden sich die Gasteilchen im gesamten Volumen verteilen, sie werden aber sicher nicht irgendwann spontan so herumfliegen, dass sie sich nur in einer Kammer aufhalten. Denn dieser Ausgangszustand unserer Überlegungen ist durch eine höhere Ordnung, also eine kleinere Entropie gekennzeichnet.

Boltzmanns statistische Betrachtungen im Phasenraum stellten gleichzeitig den Höhepunkt und die Grenze der klassischen Thermodynamik dar. Seine völlig neue Betrachtungsweise lieferte eine wichtige Interpretation der Entropie, aber er stieß auch an Grenzen. So stellte sich heraus, dass die Verteilung von Zuständen im Phasenraum durch quantenmechanische Prinzipien gegeben ist. Boltzmann leistete also die Vorarbeiten für die Quantenstatistik, deren wichtige Beiträge zur modernen Physik wir noch schildern werden.

Moderne Physik

Gegen Ende des 19. Jahrhunderts galt die Physik als weit gehend abgeschlossen. Doch das zunehmende Studium der Physik des Kleinen, der Welt der Atome und deren Kernen, führte zu völlig überraschenden, neuen Erkenntnissen, die letztlich in der neuartigen Theorie der Quantenmechanik ihren Höhepunkt erreichen sollten. Neben diesem Meilenstein sorgte zusätzlich die von Albert Einstein (1879-1955) entwickelte Relativitätstheorie für Aufsehen.

Pierre und Marie Curie

Physik Ende des 19. Jahrhunderts

Bevor wir uns den Aufsehen erregenden Entwicklungen der „neuen Physik" zuwenden, wollen wir einen kurzen Blick auf das physikalische Weltbild im ausgehenden 19. Jahrhundert werfen. Die Physik der Neuzeit, also des Zeitraums vom 17. bis zum 19. Jahrhundert, haben wir bereits ausführlich geschildert. In allen Teilgebieten hat die Physik dramatische Fortschritte gemacht. Die Mechanik hat sich von den ersten Experimenten des Galileo Galilei (1564–1642) über die mathematischen Einsichten des genialen Isaac Newton (1643–1727) bis zu den Theorien von Joseph Louis de Lagrange (1736–1813) und William Rowan Hamilton (1805–1865) zur formalen Vollendung entwickelt. Die anfangs völlig rätselhaften Phänomene von Elektrizität und Magnetismus wurden nach den Arbeiten einfallsreicher Experimentatoren, wie André Marie Ampère (1775–1836), Michael Faraday (1791–1867) u. a., von James Clerk Maxwell (1831–1879) in der Theorie des Elektromagnetismus vereinigt. Selbst Licht, der Hauptgegenstand der Forschung der physikalischen Optik, wird von Maxwell als elektromagnetische Welle im Rahmen seiner Theorie erklärt. Die Thermodynamik schließlich sollte ihre formale Vollendung durch die Arbeiten von Hermann Ludwig Ferdinand von Helmholtz (1821–1894), Rudolf Julius Emanuel Clausius (1822–1888) und William Thomson (Lord Kelvin, 1824–1907) erhalten, ihre Interpretation im Rahmen der Statistischen Physik u. a. durch James Clerk Maxwell (1831–1879) und Ludwig Boltzmann (1844–1906).

Am Ende des 19. Jahrhunderts galt die Physik also im Wesentlichen als vollendet, aber es gab durchaus schon Vorboten der kommenden Umwälzungen. Die Statistische Physik konnte einige Grundprinzipien der Verteilung im Phasenraum nicht begründen, die letztlich auf die Quantenstatistik zurückgeführt werden sollten, Maxwells Elektrodynamik erwies sich unter bestimmten Transformationen zwischen Bezugssystemen als veränderlich, was ein Ausgangspunkt für Albert Einsteins (1879–1955) Spezielle Relativitätstheorie bilden sollte, und die von Joseph von Fraunhofer (1787–1826), Robert Wilhelm Bunsen (1811–1899) und Gustav Robert Kirchhoff (1824–1887) beobachteten Linien in den Spektren der Atome entzogen sich jeder Erklärung. Die Suche nach der Lösung dieses Rätsels sollte schließlich unsere Vorstellung vom Aufbau der Atome und der Welt im Kleinen dramatisch verändern. Denn sie führte zur Quantenmechanik, deren Vorhersagen so bizarr sind, dass sie unser Vorstellungsvermögen überschreiten. Die Beschreibung des Atomaufbaus bildet auch die Voraussetzung für weitere Forschungen über Atomkerne und Elemetarteilchen. Wir wollen unsere Reise durch das Universum der modernen Physik also mit der Entschlüsselung der Struktur der Atome beginnen.

Aufbau der Atome

Die Bezeichnung „Atom“ geht auf das griechische Wort für „unteilbar“ zurück und bezeichnet einen Grundbaustein der Materie (heute wissen wir, dass Atome nicht wirklich unteilbar sind, aber dazu später mehr). Die Vorstellung einer aus kleinsten Teilchen aufgebauten materiellen Welt geht auf den griechischen Naturphilosophen Demokrit (um 460–ca. 375 v. Chr.) zurück. Gegen Ende des 19. Jahrhunderts war der Begriff vom Atom als kleinstem Baustein der Materie gerade einmal halbwegs etabliert. Maßgeblichen Anteil daran hatte die Thermodyna-

Demokrit

Chronologie der Atom- und Kernphysik

Julius Plücker (1801–1868): Kathodenstrahlen
Wilhelm Conrad Röntgen (1845–1923): Entdeckung der Röntgenstrahlen
Joseph John Thomson (1856–1940): Entdeckung des Elektrons
Antoine Henri Becquerel (1852–1908): natürliche Radioaktivität des Urans
Marie (1867–1934) und **Pierre Curie** (1859–1906): weitere radioaktive Elemente
Ernest Rutherford (1871–1937): Alpha- und Beta-Strahlung, Entdeckung des Atomkerns, Vorhersage des Neutrons, Kernumwandlungen
Frederick Soddy (1877–1956): Isotopie
James Chadwick (1891–1974): Entdeckung des Neutrons
George Anthony Gamow (1904–1968), **Edward Uhler Condon** (1902–1974): Theorie des Alpha-Zerfalls
Enrico Fermi (1901–1954): Theorie des Beta-Zerfalls, schwache Kraft
Irène Curie (1897–1956), **Jean Frédéric Joliot** (1900–1958): künstliche Radioaktivität
Otto Hahn (1879–1968), **Fritz Wilhelm Straßmann** (1902–1980): Uranspaltung

mik, die - wie wir eben gesehen haben - die Wärme als Teilchenbewegung interpretiert. Man hatte noch überhaupt keine Vorstellung, was ein Atom eigentlich ist, oder ob es noch eine innere Struktur hat. Im Laufe weniger Jahrzehnte sollte sich ein Bild vom Atom durchsetzen, das einen sehr kleinen Kern hat, in dem sich positiv geladene Protonen sowie elektrisch neutrale Neutronen befinden, und eine Hülle aus negativ geladenen Elektronen, deren Masse um einen Faktor von etwa 2000 geringer ist als diejenige der Kernbausteine. Die spannende Geschichte der Entschlüsselung des Aufbaus der Atome sowie der Entdeckung des Atomkerns und des Studiums seiner faszinierenden Eigenschaften wollen wir jetzt erzählen. Sie beginnt mit der Entdeckung des Elektrons, die auf verschlungenen Pfaden erfolgte und mit den so genannten Kathodenstrahlen ihren Anfang nahm.

Kathodenstrahlen

Die Entschlüsselung des Atomaufbaus begann mit Untersuchungen über elektrische Entladungen in Gasen. Dazu verwendete man einen geschlossenen Gaskolben, in den man zwei Metallplatten eingeschmolzen hatte. Zwischen den beiden Platten legte man eine hohe elektrische Spannung an; dabei wird die negativ geladene Platte als Kathode, die positiv geladene

als Anode bezeichnet. Es war der große Experimentalphysiker Michael Faraday (1791–1867), dem aufgefallen war, dass sich die Leuchterscheinungen bei derartigen Gasen intensiver gestalten, wenn man den Gasdruck im Inneren des Kolbens reduziert. Faraday war fasziniert von der Schönheit des Leuchtens, konnte aber auf Grund der damals vorhandenen schlechten Gaspumpen den Druck nur geringfügig reduzieren, was seine Experimente entscheidend behinderte.
Der deutsche Mathematiker und Physiker Julius Plücker (1801–1868) interessierte sich für den Einfluss von Magnetfeldern auf die Gasentladungen. Er beobachtete im Jahr 1858, dass sich das Entladungsleuchten leicht veränderte, wenn man einen Magneten der Röhre näherte, aber auch sein Vakuum in der Röhre war zu schlecht, um das Phänomen genauer untersuchen zu könnnen. Verbesserungen in der Pumptechnik versetzten Plückers Schüler Johann Wilhelm Hittorf (1824–1914) in die Lage, das Phänomen genauer zu untersuchen. Er platzierte Körper zwischen Kathode und Anode und konnte auf der Seite der Anode einen Schatten erkennen. Die Strahlen, was immer es auch sein mochte, mussten also von der Kathode ausgehen! Auch zeigte er im Jahr 1869, dass ein Magnetfeld die Strahlen in der Tat ablenkt, was auf eine elektrische Ladung der Strahlen schließen ließ. Eugen Goldstein (1850–1930) konnte 1876 auch die Ablenkbarkeit im elektrischen Feld beweisen und prägte den Begriff Kathodenstrahlen.

Wilhelm Conrad Röntgen

Wilhelm Conrad Röntgen

Im Zusammenhang mit der Erforschung von Kathodenstrahlen gelang dem deutschen Physiker Wilhelm Conrad Röntgen (1845–1923) eine zufällige, aber nicht minder spektakuläre Entdeckung. Röntgen experimentierte damals mit einer Kathodenstrahlröhre, die er mit relativ hohen Spannungen betrieb. Am 8. November 1895 arbeitete er daran, die Röhre vollständig mit dünnem schwarzen Karton zu verkleiden, sodass weder Licht noch Kathodenstrahlen die Umhüllung verlassen konnten. Als er zur Kontrolle sein Labor verdunkelte, stellte er zu seiner Überraschung fest, dass ein in einiger Entfernung von der Röhre aufgestellter Fluoreszenzschirm leuchtete! Röntgen hatte eine neue Art von Strahlung entdeckt, die sogar feste Gegenstände nur wenig geschwächt durchdringen kann. Diese Strahlung wurde bald als „Röntgenstrahlung" bekannt. Es handelt sich dabei um elektromagnetische Strahlung von sehr kurzer Wellenlänge. Röntgenstrahlung ist für das menschliche Auge unsichtbar, kann aber mit herkömmlichen Filmen fotografiert werden. Für seine Entdeckung wurde Röntgen im Jahr 1901 der erste Physik-Nobelpreis verliehen.

Alfred Nobel

Der Zeeman-Effekt

Im Jahr 1896 macht der niederländische Physiker Pieter Zeeman (1865–1943) eine wichtige Entdeckung. Dem Beispiel seines Vorbildes Michael Faraday (1791–1867) folgend, experimentierte er mit dem Einfluss von Magnetfeldern auf Licht, insbesondere auf die Spektren der Atome. In seinem Versuch beobachtete er die Emissionslinie von Natriumdampf in einem Magnetfeld und konnte bald eine Verbreiterung der Linie im Magnetfeld entdecken. Nach Verbesserung seiner experimentellen Technik konnte er Spektrallinien im Magnetfeld in mehrere Komponenten aufspalten. Die Aufspaltung von Spektrallinien im Magnetfeld ist heute unter dem Namen Zeeman-Effekt bekannt.

! Röntgenstrahlung in der Medizin

Als Wilhelm Conrad Röntgen seine eigene Hand zwischen die Quelle der Strahlung und einen Fluoreszenzschirm hielt, muss er zutiefst bewegt gewesen sein. Denn er sah, um es in seinen eigenen Worten zu sagen, „die dunkleren Schatten der Handknochen in dem nur wenig dunklen Schattenbild der Hand". Zur Illustration dieses Phänomens machte Röntgen eine fotografische Aufnahme einer durchleuchteten Hand. Dieses spektakuläre Bild trug maßgeblich zum Aufsehen bei, das Röntgens Entdeckung machte und begründete die Verwendung von Röntgenstrahlen in der medizinischen Diagnostik.

Eine theoretische Erklärung des beobachteten Phänomens wurde kurz darauf von Zeemans Lehrer Hendrik Antoon Lorentz (1853–1928) gegeben. Lorentz ging von der Hypothese aus, dass sich im Atom geladene Teilchen bewegen, die für die Ausstrahlung von Licht verantwortlich sind. (Eine prophetische Theorie, wie sich nach der Entdeckung der Elektronen und ihrer Energiezustände erweisen sollte.) Auf diese geladenen Teilchen wirkt im Magnetfeld gemäß den klassischen Gesetzen des Elektromagnetismus eine Kraft. Aus der Frequenzänderung der Linien beim Zeeman-Effekt konnten Lorentz und Zeeman sogar eine Aussage über das Verhältnis von Ladung zu Masse des geladenen Teilchens treffen. Es stellte sich heraus, dass es sich um ein negativ geladenes Teilchen mit etwa einem Zweitausendstel der Atommasse handelt, wie es später für das Elektron tatsächlich gefunden wurde. Für ihre Arbeiten zum Zeeman-Effekt erhielten Pieter Zeeman und Hendrik Antoon Lorentz im Jahr 1902 den Nobelpreis für Physik.

Entdeckung des Elektrons

Einen wichtigen Durchbruch bei der Entschlüsselung der Natur der Kathodenstrahlen gelang im Jahr 1895 dem französischen Physiker Jean Baptiste Perrin (1870–1942). Er bewies mithilfe von elektrischen und magnetischen Feldern, die ja Kräfte auf geladene Teilchen ausüben, dass es sich bei den Kathodenstrahlen um negativ geladene Teilchen handelt. Perrins Untersuchungen wurden von Joseph John Thomson (1856–1940) fortgeführt. Thomson konnte im Jahr 1897 nicht nur Perrins Ergebnisse bestätigen, wonach es sich bei den Kathodenstrahlen um negativ geladene Teilchen handelt, er konnte auch das Verhältnis ihrer elektrischen Ladung zu ihrer Masse bestimmen. Außerdem zeigte er, dass es sich – unabhängig vom Material der Kathode – immer um die gleichen Teilchen handelte. Thomson hatte einen universellen Bestandteil der Materie entdeckt. Das Teilchen erhielt den Namen Elektron nach einer von George Stoney (1826–1911) für die kleinste Ladungseinheit vorgeschlagenen Bezeichnung. Mit der Entdeckung des Elektrons durch Joseph John Thomson beginnt die Geschichte der Atomphysik.

Entdeckung der natürlichen Radioaktivität

Die Jahre zwischen 1895 und 1897 sollten die Physik revolutionieren. In dieser kurzen Zeitspanne entdeckte Wilhelm Conrad Röntgen (1845–1923) die nach ihm benannte Strahlung und Joseph John Thomson (1856–1940) das Elektron. Aber es sollten nicht die einzigen Entdeckungen bleiben, denn im Jahr 1896 entdeckte der französische Physiker Antoine Henri Becquerel (1852–1908) die natürliche Radioaktivität des Urans. Becquerels Hauptinteresse galt der Fluoreszenz, dem Leuchten mancher Stoffe bei Bestrahlung mit Licht. Becquerel vermutete fälschlich einen Zusammenhang zwischen Fluoreszenz und Röntgenstrahlen und führte daraufhin sein wichtiges Experiment durch. Er wickelte eine Fotoplatte in schwarzes Papier ein, sodass kein Licht von außen eindringen konnte. Dann legte er eine fluoreszierende Verbindung, die in diesem Fall zufällig Uran enthielt, auf das schwarze Papier und setzte alles für einige Zeit der Sonnenstrahlung aus. Nach Entwicklung der Fotoplatte zeichnete sich die Silhouette der fluoreszierenden Substanz deutlich auf dem Foto ab. Irgendeine Art von Strahlung musste also von der fluoreszierenden Substanz ausgegangen sein und die Fotoplatte geschwärzt haben. Becquerel hielt zunächst an seiner falschen Hypothese fest, dass das Sonnenlicht in der Substanz Röntgenstrahlung freisetzt, die dann wiederum die Fotoplatte schwärzt. Doch dann musste er auf Grund einer Schlechtwetterperiode eine vorbereitete Fotoplatte, eingehüllt in schwarzes Papier und mit der fluoreszierenden Substanz versehen, in einer dunklen Schublade liegen lassen. Zu seiner Überraschung zeigte diese Fotoplatte das gleiche Resultat, die Strahlung hatte also gar nichts mit der Fluoreszenz zu tun! Becquerel konnte auch zeigen, dass die von ihm entdeckte Strahlung Gase ionisiert, d. h. elektrisch leitend macht, was den Nachweis der später von Marie Curie (1867–1934) „Radioaktivität" genannten Erscheinung erleichterte. Im Jahr 1903 wurde Antoine Henri Becquerel zusammen mit Marie und Pierre Curie, welche die Forschung über Radioaktivität maßgeblich beeinflussten, der Nobelpreis für Physik verliehen.

Marie und Pierre Curie

Marie und Pierre Curie

Während Antoine Henri Becquerel (1852–1908), der Entdecker der natürlichen Radioaktivität von Uran, seine Forschungen weiterhin mit dieser Substanz durchführte, begab sich das Ehepaar Marie (1867–1934) und Pierre

Curie (1859–1906) auf die mühevolle Suche nach weiteren radioaktiven Substanzen. Sie fanden heraus, dass neben dem Element Uran auch Thorium radioaktiv ist, und entdeckten im Jahr 1898 über die Radioaktivität die neuen Elemente Radium und Polonium. Dafür erhielten die Curies zusammen mit Becquerel im Jahr 1903 den Physik-Nobelpreis, Marie Curie wurde darüber hinaus im Jahr 1911 für ihre Arbeiten über das Radium der Chemie-Nobelpreis verliehen. Trotz dieser Fortschritte auf dem Gebiet der Erforschung der Radioaktivität und der Verfügbarkeit von starken radioaktiven Strahlen war man der Frage nach dem Ursprung und der Natur der radioaktiven Strahlung noch nicht näher gekommen.

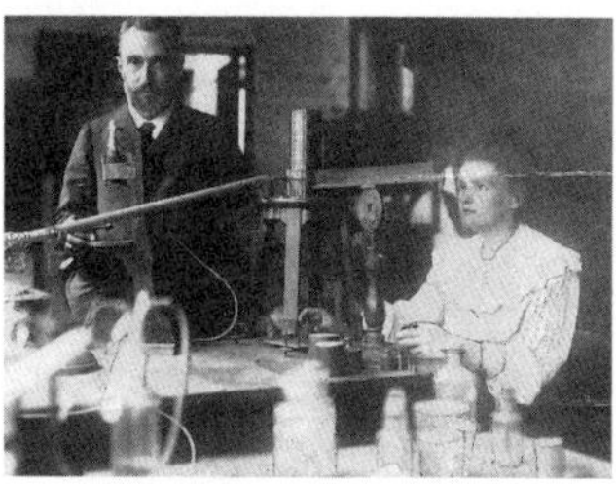

Das Ehepaar Curie

Alpha-, Beta- und Gamma-Strahlung

Bald stellte sich heraus, dass es nicht nur eine Art von radioaktiver Strahlung gibt, sondern drei! Zwei dieser drei Strahlungsarten, die sich in ihrem Verhalten unterscheiden, konnten von Ernest Rutherford (1871–1937) im Jahr 1898 nachgewiesen werden. Er nannte sie Alpha-Strahlung und Beta-Strahlung. Die Natur der Alpha-Strahlen blieb lange rätselhaft. Man wusste, dass sie bereits von einem Blatt Papier abgeschirmt werden und in einem Magnetfeld geringfügig abgelenkt werden können. Alles sprach für relativ massereiche, positiv geladene Teilchen. Erst später, im Jahr 1909, fand Rutherford heraus, dass es sich um ionisierte Helium-Atome handelt. Die Beta-Strahlung konnte relativ schnell mit den Kathodenstrahlen, also Elektronen identifiziert werden. Die dritte Art radioaktiver Strahlung, die Gamma-Strahlung wurde erst im Jahr 1900 von Ernest Rutherford und Paul Ulrich Villard (1860–1934) entdeckt. Es handelt sich um hochenergetische elektromagnetische Strahlung ähnlich der Röntgenstrahlung.

Radioaktive Elemente zerfallen

Mit der Entdeckung der Alpha-, Beta- und Gamma-Strahlung war zwar die Natur der radioaktiven Strahlung aufgeklärt, aber man wusste noch überhaupt nicht, wo und unter welchen Umständen diese Strahlung erzeugt wird. Sicher, man kannte etliche chemische Elemente, die radioaktiv waren, aber das war auch schon alles. Eine weitere revolutionäre Entdeckung im Bereich der Radioaktivität geht wiederum auf Ernest Rutherford und seinen Kollegen Frederick Soddy (1877–1956) zurück. Sie bewiesen im Jahr 1902, dass das Phänomen Radioaktivität mit einer Atomumwandlung einhergeht, bei der Energie freigesetzt wird. Auch konnten sie zeigen, dass der Zerfall eines radioaktiven Elements in ein anderes mit einer Zeitskala erfolgt, die für jedes radioaktive Element charakteristisch ist und von nichts anderem abhängt.

Für seine bedeutenden Arbeiten zur Entschlüsselung der Radioaktivität erhielt Ernest Rutherford im Jahr 1908 den Nobelpreis für Chemie. Frederick Soddy wurde diese Auszeichnung im Jahr 1921 verliehen.

Zeichen für Radioaktivität

Die Entdeckung des Atomkerns

Nach der Entdeckung des Elektrons als wahrscheinlichem Bestandteil eines Atoms suchten die Physiker nach Modellen für den inneren Aufbau der Atome. Atome mussten auf jeden Fall – wie beobachtet – elektrisch neutral sein. Wenn sie also Elektronen enthalten, dann musste die negative elektrische Ladung der Elektronen durch eine gleich große Menge positiver Ladung ausgeglichen werden. Im Jahr 1903 stellte Philipp Eduard Anton Lenard (1862–1947) ein Atommodell vor, das dieser Anforderung genügte, indem die positiven und negativen elektrischen Ladungen immer paarweise als „Dynamiden" auftraten. 1904 folgte Joseph John Thomson (1856–1940), der Entdecker des freien Elektrons. Thomson stellte sich das Atom aus einer kugelförmig verteilten positiven Ladung aufgebaut vor, in der die negativen Elektronen verteilt sind wie Rosinen in einem Pudding.

Doch all diese Vorstellungen wurden durch ein Experiment erschüttert, das in den Jahren von

? Schon gewusst?

Häufig wird die charakteristische radioaktive Zerfallszeit in Form der Halbwertszeit angegeben.
Dies ist die Zeit, nach der typisch die Hälfte des ursprünglich vorhandenen radioaktiven Materials in ein anderes Element zerfallen ist.

1909 bis 1911 von Hans Wilhelm Geiger (1882–1945) und Ernest Marsden (1889–1970) in Rutherfords Laboratorium durchgeführt worden war. Geiger und Marsden beschossen eine dünne Goldfolie mit Alpha-Teilchen (also Helium-Kernen) und beobachteten, dass die Teilchen die Folie meist gerade oder wenigstens fast gerade durchquerten. Andererseits beobachteten sie gelegentlich eine sehr starke Ablenkung, so als würden die Teilchen von den Atomen der Folie abprallen.

Rutherford war zutiefst überrascht. Nach seinen eigenen Worten war ihm, als hätte ihm jemand erzählt, er habe mit einer Pistole auf ein Blatt Papier geschossen, und die Kugel sei abgeprallt. Doch im Jahr 1911 hatte er die Erklärung für die von Marsden und Geiger beobachteten Ablenkungen gefunden: Er konnte sie theoretisch erklären, wenn die positive Ladung im Atom nicht gleichmäßig verteilt, sondern in einem sehr kleinen Volumen im Zentrum des Atoms konzentriert sei – der Atomkern war entdeckt!

Gleich und doch verschieden

Große Verwirrung herrschte damals über eine Reihe von radioaktiven Stoffen, die sich in ihrer Radioaktivität unterscheiden, sich aber chemisch nicht voneinander trennen lassen. Es war, als gäbe es verschiedene Varianten ein und desselben chemischen Elements. Es war Frederick Soddy (1877–1956), der im Jahr 1913 zur Schlussfolgerung gelangte, dass dies tatsächlich der Fall sein müsse. Er vermutete, dass diese unterschiedlichen Varianten dieselbe Stelle im Periodensystem der Elemente einnehmen, d. h. sich chemisch in der Tat identisch verhalten. Diese Varianten eines Elements nannte Soddy Isotope. Bald wurde entdeckt, dass sich Isotope nicht nur bei radioaktiven, sondern auch bei stabilen Elementen finden lassen. Joseph John Thomson (1856–1940), der Entdecker des Elektrons, schickte Neon-Ionen durch ein System von elektrischen und magnetischen Feldern, das die Bestimmung des Verhältnisses von Ladung zu Masse erlaubte. Er fand zwei Arten von stabilem Neon, eines mit der 20-fachen und eines mit der 22-fachen Masse von Wasserstoff. Wodurch dieser Gewichtsunterschied zu erklären war, blieb aber weiterhin unklar.

Die Kernspaltung

Eine weit reichende Entdeckung machte Rutherfords Mitarbeiter Ernest Marsden (1889–1970) im Jahr 1915. In einem Experiment beschoss er Luft mit Alpha-Teilchen aus einem radioaktiven Zerfall und beobachtete gelegentlich das Auftreten eines sehr schnellen

? Schon gewusst?

Ein wichtiges Hilfsmittel der frühen Kernphysik ist die Nebelkammer, die von Charles Thomson Rees Wilson (1869–1959) erfunden worden war. Es handelt sich um eine Kammer, in der sich ein Wasser-Alkohol-Gemisch in der Gasphase befindet. Tritt nun radioaktive Strahlung ein, so ionisiert es die Teilchen in der Kammer entlang seiner Bahn. An den Ionen kondensiert dann der Dampf ähnlich einem Kondensstreifen eines Flugzeugs, sodass sich die Bahnen der Teilchen leicht sichtbar machen und fotografieren lassen können.

Wasserstoffkerns. Nach jahrelangen geduldigen Untersuchungen gelangte Rutherford im Jahr 1919 zu der Schlussfolgerung, dass es sich um die Zertrümmerung eines Stickstoffkerns in der Luft durch das Alpha-Teilchen handeln musste, was später tatsächlich bestätigt wurde. Dies war die erste beobachtete Zertrümmerung eines Atomkerns! Experimente in der Nebelkammer konnten Rutherfords Hypothese später eindrucksvoll bestätigen.

Die Bestandteile des Atomkerns

Allmählich begann sich der Nebel um die faszinierende Welt der Atomkerne zu lichten. Ernest Marsden (1889–1970) und Ernest Rutherford (1871–1937) hatten zwischen 1915 und 1919 gezeigt, dass bei der Zertrümmerung von Stickstoff durch Alpha-Teilchen (Helium-Kerne) Wasserstoffkerne freigesetzt werden. Hans Geiger (1882–1945) und Henry Gwyn Jeffreys Modeley (1887–1915) erkannten in den Jahren 1913/14 die Anzahl der positiven Ladungen als ausschlaggebend für die Charakterisierung eines Elements. Aus diesen Beobachtungen zog Rutherford um das Jahr 1919 die Schlussfolgerung, dass das positiv geladene Teilchen, das den Wasserstoff-Kern bildet, ein grundlegender Bestandteil jedes Atoms ist. Die Zahl dieser positiv geladenen Protonen im Kern bestimmt gleichzeitig die Zahl der negativ geladenen Elektronen in der Atomhülle und damit die chemischen Eigenschaften und die Einordnung im Periodensystem der Elemente.

Aber Rutherford ging noch weiter. Um das Atomgewicht, das fast immer größer ist als die Zahl der Protonen im Kern, und die Existenz von Kernen gleicher Protonenzahl (also gleicher chemischer Eigenschaften), aber unterschiedlichen Gewichts, die oben erwähnten Isotope, zu erklären, postulierte Rutherford im Jahr 1920 die Existenz eines elektrisch neutralen Teilchens im Kern, das in etwa dieselbe Masse wie das Proton haben müsse. Dieses Teilchen, das Neutron, wurde erst im Jahr 1932 entdeckt. Damit hatte Rutherford den Aufbau des Atoms und die Bestandteile des Atomkerns erkannt. Allerdings stellten sich viele Physiker den Kern nur aus Protonen und Elektronen aufgebaut vor. Ihrer Ansicht nach enthielt also z. B. ein Helium-Kern der Masse vier (in Einheiten der Wasserstoffmasse) nicht zwei Protonen und zwei Neutronen, sondern vier Protonen und zwei Elektronen, welche die positive Ladung von zwei Protonen neutralisierten. Wie wir noch sehen werden, sollte diese Meinung bis zum Jahr 1932 vorherrschen.

Ernest Rutherford

Der Alpha-Zerfall

Normalerweise sind die Kernbestandteile im Kern gebunden, ein unüberwindlicher Energieberg, der „Potenzialwall" hält sie gefangen. Aber wie kann dann beim Alpha-Zerfall ein kompletter Helium-Kern den radioaktiven Kern verlassen? Die Antwort darauf lieferten im Jahr 1928 unabhängig voneinander George Anthony Gamow (1904–1968) und Edward Uhler Condon (1902–1974). Sie interpretierten den Alpha-Zerfall als Konsequenz des quantenmechanischen Tunneleffekts. In der klassischen Physik kann ein Teilchen einen Potenzialwall nur überwinden, wenn seine Energie höher ist als diejenige des Walls. Die Quantenmechanik hingegen sagt eine kleine, aber nicht verschwindende Wahrscheinlichkeit für einen Durchtritt durch den Wall selbst dann voraus, wenn die Energie des Teilchens niedriger ist als die des Walls. Man spricht vom „Tunneleffekt", weil das Teilchen den Wall gleichsam durchtunnelt. Der Tunneleffekt spielt nicht nur beim Alpha-Zerfall, sondern auch bei der Energieerzeugung der Sterne durch Kernfusion eine wichtige Rolle.

? Schon gewusst?

Ein wichtiges Hilfsmittel der Kernphysik sollte der Geiger-Zähler werden, den Hans Geiger (1882-1945) zusammen mit Walter Müller (1905-79) entwickelte. Es handelt sich um ein gasgefülltes Rohr, an dem eine hohe Spannung anliegt. Tritt ein radioaktives Teilchen ein, so wird das Gas ionisiert, was elektrisch nachgewiesen werden kann.

Das Jahr 1932

Nach den bahnbrechenden experimentellen und theoretischen Arbeiten von Ernest Rutherford (1871–1937) und seinen Kollegen in den Jahren von 1900 bis 1920, kehrte ein wenig Ruhe in das Gebiet der Kernphysik ein. Wie wir später noch sehen werden, hielt die quantenmechanische Erklärung des Atomaufbaus und der Spektren die Welt der Physik in Atem. Neuen Aufwind sollte die Kernphysik dann im Jahr 1932 erhalten, das eines der wichtigsten Jahre dieser noch jungen Disziplin darstellt.

Frédéric Joliot

Die erste Entdeckung ist die des von Rutherford vorhergesagten „neutralen Protons", des Neutrons. Obwohl die meisten Physiker den Kern für eine Ansammlung von Protonen und Elektronen hielten, war Rutherfords Idee vom „neutralen Proton" noch nicht aus der Welt. Die Entdeckung des Neutrons hat aber eine lange Vorgeschichte. Sie beginnt mit einem Experiment, das Walter Wilhelm Georg Bothe (1891–1957) im Jahr 1928 durchführte. Bothe beschoss Beryllium mit Alpha-Teilchen und entdeckte sehr energiereiche Strahlung, die er als bei einer Kernumwandlung entstehende Gamma-Strahlung interpretierte. Bothes Forschungen wurden im Jahr 1932 von Irène Curie (1897–1956), der Tochter von Marie und Pierre Curie, und ihrem Ehemann Jean Frédéric Joliot (1900–1958) fortgesetzt. Sie stellten fest, dass die von Bothe beobachtete energiereiche Strahlung aus einer Paraffin-Schicht Protonen herausschlagen konnte! Dafür konnten die Gamma-Strahlen nicht verantwortlich sein. Der englische Physiker James Chadwick (189-–1974) wiederholte den Versuch von Curie und Joliot und konnte feststellen, dass die von Bothe beschriebene Strahlung nicht nur Gamma-Strahlung, sondern auch ein neutrales Teilchen von etwa der Masse des Protons enthielt - das Neutron war gefunden! Chadwick erhielt den Physik-Nobelpreis des Jahres 1935. Da die angebliche Existenz von Elektronen im Kern zunehmend

Irène Joliot-Curie

zu Widersprüchen in der Theorie führte, schlussfolgerten Werner Heisenberg (1901–1976), dass Rutherfords Vermutung richtig war, und das Neutron der Partner des Protons im Atomkern ist.

Die dritte Kraft im Universum

Bis zum Jahr 1934 kannten die Physiker zwei Kräfte im Universum. Die erste ist natürlich die Gravitationskraft zwischen zwei Massen, deren Verhalten erstmals von Isaac Newton (1643–1727) beschrieben und später von Albert Einstein (1879–1955) in seiner Allgemeinen Relativitätstheorie völlig neu interpretiert wurde. Die zweite ist die elektromagnetische Kraft, welche Kraftwirkungen zwischen geladenen oder magnetischen Körpern vermittelt. Im Jahr 1934 kam eine dritte Kraft hinzu, die schwache Kraft. Sie wurde von Enrico Fermi (1901–1954) gefunden, als er die Theorie des Beta-Zerfalls aufstellte.

Künstliche Radioaktivität

Im Jahr 1934 machten Irène Curie (1897–1956), die Tochter von Marie und Pierre Curie, und ihr Ehemann Jean Frédéric Joliot (1900–1958) eine weitere wichtige Entdeckung. Sie bestrahlten eine Aluminiumfolie mit Alpha-Strahlung und stellten fest, dass nach Wegnahme des Alpha-Strahlers die Aluminiumfolie selbst radioaktive Strahlung aussendete! Curie und Joliot hatten die künstliche Radioaktivität entdeckt, wofür sie im Jahr 1935 den Nobelpreis für Chemie erhielten. Was passiert nun in der Aluminiumfolie? Durch den Beschuss mit Alpha-Strahlen wandeln sich Aluminium-Kerne in radioaktive Phosphor-Kerne um, die mit der für diesen Kern charakteristischen Halbwertszeit zerfallen.

? Schon gewusst?

Die zweite wichtige physikalische Neuigkeit des Jahres 1932 war die Entdeckung des Deuteriums. Beim Deuterium handelt es sich um ein Isotop des Elementes Wasserstoff, das im Gegensatz zum „normalen“ Wasserstoff zusätzlich zum Proton noch ein Neutron im Kern besitzt.

Die Uranspaltung

Das Jahr 1938 sah eine der Aufsehen erregendsten und folgenreichsten Entdeckungen der Physik: Die Spaltung von Uran unter Beschuss mit Neutronen. Auch diese Entdeckung hat eine Vorgeschichte. Nach der Entdeckung des Neutrons durch James Chadwick (1891–1974) im Jahr 1932 entwickelte sich dieses zunehmend zu einem wichtigen Werkzeug der Kernphysik. Während man bisher Kernreaktionen hauptsächlich durch Beschuss mit Alpha-Teilchen erzeugt hatte, erkannte Enrico Fermi (1901–1954), dass sich Neutronen viel besser als Geschosse eignen. Grund hierfür ist ihre elektrische Neutralität: Während ein Alpha-Teilchen eine zweifach positive Ladung trägt (es ist ja nichts anderes als ein Helium-Kern mit zwei Protonen und zwei Neutronen) und daher von den positiv geladenen Atomkernen stark abgestoßen wird, kann ein Neutron leicht in den Kern eindringen und dort Kernreaktionen auslösen. Fermi und seine Mitarbeiter stellten außerdem fest, dass langsame Neutronen besser mit den Kernen wechselwirken als schnelle, weil sie längere Zeit im Einflussbereich der Kerne verweilen.

Enrico Fermi

In den folgenden Jahren arbeiteten mehrere Gruppen an Experimenten, in denen verschiedene

Otto Hahn

Kerne mit Neutronen beschossen wurden. Eine Gruppe war die um Enrico Fermi, eine andere die um den deutschen Chemiker und Physiker Otto Hahn (1879–1968), einem Schüler von Ernest Rutherford (1871–1937). Beide Gruppen beschossen das schwerste bekannte Element, Uran, mit Neutronen und stellten eine Reihe von neuen radioaktiven Elementen her, die Fermi als „Transurane“, also schwere Elemente jenseits des Uran interpretierte. Es blieb Otto Hahn und seinem Mitarbeiter Fritz Wilhelm Straßmann (1902–1980) vorbehalten, unter den erzeugten Elementen etliche Elemente mit etwa dem halben Atomgewicht von Uran und damit die Spaltung des Urankerns experimentell nachzuweisen. Maßgeblichen Anteil an dieser Interpretation hatten auch Hahns langjährige Mitarbeiterin Lise Meitner (1878–1968) und ihr Neffe Otto Robert Frisch (1904–1979), welche im Jahr 1939 eine theoreti-

sche Erklärung für die von Hahn und Straßmann beobachtete Uranspaltung lieferten. Otto Hahn wurde der Chemie-Nobelpreis des Jahres 1944 zugesprochen.
Die große Energie, die bei der Spaltung von Uran durch Neutronenbeschuss freigesetzt wird, eröffnet über eine kontrollierte oder unkontrollierte Kettenreaktion den Weg zur friedlichen Nutzung der Kernenergie im Kraftwerk ebenso wie zur Atombombe. Selten hat eine Erfindung die Wissenschaft und die Gesellschaft so polarisiert wie die der Uranspaltung.

Energieerzeugung der Sterne

Charles Darwin

Mit Vollendung der klassischen Physik im 19. Jahrhundert versuchten die Physiker die Energieerzeugung der Sonne zu verstehen. Das Problem dabei ist nicht nur der tägliche, gewaltige Energieausstoß der Sonne, sondern auch die Tatsache, dass die Sonne diese Energie offenbar schon für sehr lange Zeit bereitgestellt hat. Man hatte zwar noch keine genaue Vorstellung über das Alter der Sonne, aber aus Beobachtungen auf der Erde war klar, dass unser Heimatplanet schon sehr alt ist. So war es eine Grundvoraussetzung der vom Biologen Charles Darwin (1809–1882) aufgestellten Evolutionstheorie, dass die Lebewesen auf der Erde ausreichend Zeit für die von ihm postulierten Wandlungsprozesse hatten. Als Darwin seine Theorie im Jahr 1859 in seinem Hauptwerk On the Origin of Species („Über die Entstehung der Arten") veröffentlichte, löste er eine große Kontroverse aus. Dennoch begann eine zunehmende Zahl von Wissenschaftlern, an die Richtigkeit seiner Aussagen zu glauben. Ein weiteres wichtiges Indiz für das hohe Alter der Erde lieferte die Geologie. Bei der Betrachtung von geologischen Prozessen wie z. B. der Abtragung von Gestein durch Erosion bzw. der Bildung von neuem Gestein durch Ablagerung von Sedimenten, muss man auf Grund der langsamen Wirkung der Prozesse unweigerlich zum Schluss kommen, dass für diese Vorgänge in der Erdgeschichte sehr viel Zeit zur Verfügung gestanden haben muss.
Aus physikalischer Sicht bestand das Problem im 19. Jahrhundert darin, dass keiner der damals be-

Charles Darwin

kannten Prozesse so viel Energie über so lange Zeit zur Verfügung stellen konnte. Noch schlimmer: Die Physiker schienen aus ihren Theorien ableiten zu können, dass die Sonne und die Erde nicht älter als einige Millionen Jahre sein konnten – viel zu wenig Zeit für die Entwicklungen der Biologie und Geologie. Namentlich der Physiker William Thomson (1824–1907), später Lord Kelvin genannt, leitete aus den Gesetzen der Wärmelehre derart kurze Lebensspannen für Erde und Sonne ab. Sein Argument für das Alter der Erde beruht auf der Abkühlung des Erdkörpers und war im Rahmen der damals bekannten Tatsachen fehlerfrei. Diese Debatte hatte recht großen Einfluss auf die junge Geologie, auch wenn die Arbeiten Lord Kelvins heute als überholt gelten müssen. Sein entscheidender Fehler bestand darin, dass er die Radioaktivität nicht berücksichtigt hatte, die aber natürlich erst gegen Ende des 19. Jahrhunderts entdeckt worden war. Denn die im Erdkörper befindlichen radioaktiven Elemente zerfallen mit der Zeit, setzten dabei Energie frei und verzögern die Abkühlung der Erdkugel.

Ironischerweise ist es auch genau die Radioaktivität, die uns heute zu genauen Altersbestimmungen der Erde verhilft. Denn aus der charakteristischen Zerfallszeit radioaktiver Elemente und ihren Mengenverhältnissen lässt sich leicht ableiten, dass die Erde ein Alter von etwa 4,5 Milliarden Jahren hat. Ein ungeheures Alter, das der Geologie und der Biologie ausreichend Raum für ihre Entwicklungsprozesse bietet.

Doch damit war das Problem der Sonnenenergie noch nicht gelöst, ja im Gegenteil: Da die Erde kaum jünger sein kann als die Sonne, muss der Energieausstoß der Sonne seit ihrer Geburt riesig gewesen sein! Auch dieses Problem fand seine Lösung erst im 20. Jahrhundert durch den Fortschritt der Kernphysik. Der britische Physiker und Astronom Arthur Stanley Eddington (1882–1944) kam auf die Lösung: Die Sonnenenergie stammt aus der Kernfusion, der Verschmelzung von leichten Atomkernen. Ähnlich wie bei der Spaltung von schweren Atomkernen in einem Atomkraftwerk kann man auch bei der Fusion von leichten Atomkernen große Energiemengen freisetzen.

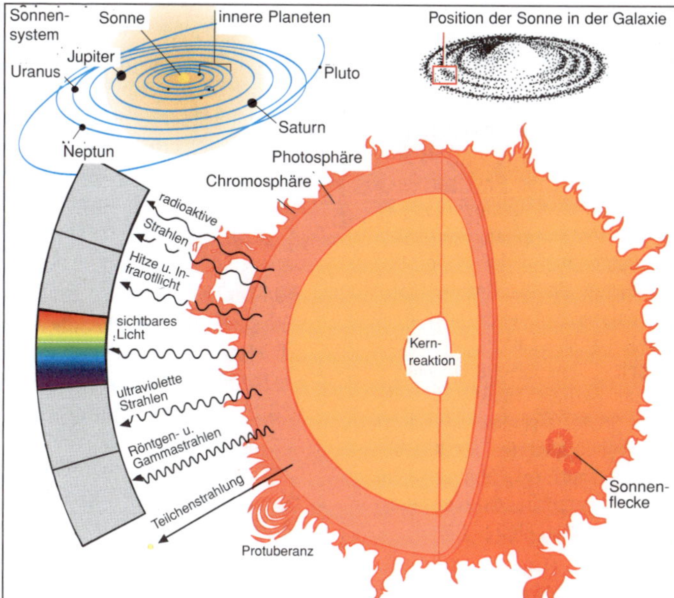

Physikalische Daten

Spektraltyp: Gelber Zwergstern (G1)
Durchmesser: 1,39 Mio. km
Masse: 332 270 Erdmassen
Dichte: 1,41 g/cm^3
Entfernung zur Erde: 149,6 Mio. km
Rotationszeit: am Äquator ca. 25 Tage
Eigenbewegung: mit ca. 20 km/s in Richtung auf das Sternbild Herkules
Temperatur im Kern: ca. 15 Mio. °C
Temperatur der Photosphäre: 5 800 °C

Im Innern der Sterne ist der wichtigste Prozess die Fusion von vier Wasserstoffkernen zu einem Helium-Kern. Im Zentrum der Sonne geschieht dies bei einer Temperatur von etwa 15 Mio. Grad! Trotz dieser hohen Temperatur kann dies nur gelingen, weil die Quantenmechanik hilft: Der Tunneleffekt erlaubt es den Protonen, den durch die abstoßende Kraft der positiven Kerne erzeugten Energiewall zu durchdringen, wie der russisch-amerikanische Physiker George Anthony Gamow (1904–1968) zeigen konnte.

In massereicheren Sternen als die Sonne spielt darüber hinaus ein Reaktionszyklus eine Rolle, bei dem die Elemente Kohlenstoff und Stickstoff eine wichtige Rolle spielen. Dieser Kohlenstoff-Stick-

? Schon gewusst?

Die ersten Berechnungen zur Entstehung von Elementen im Kosmos wurden vom russisch-amerikanischen Physiker George Anthony Gamov (1904–1968) und seinem Kollegen Ralph Alpher (*1921) vorgenommen. In die Autorenliste der daraus resultierenden Arbeit nahm Gamov aber auch noch – ohne dessen Wissen – Hans Bethe (*1906) auf, und der Artikel erschien unter den Namen Alpher (a), Bethe (b) und Gamov (g), ähnlich den ersten drei Buchstaben des griechischen Alphabets.

stoff- oder Bethe-Weizsäcker-Zyklus wurde im Jahr 1937 unabhängig von Hans Albrecht Bethe (*1906) und Carl Friedrich von Weizsäcker (*1912) entdeckt.

Kernaufbau und starke Kraft

Nachdem nun bekannt war, dass die Kerne der Atome aus Protonen und Neutronen bestehen, versuchten die Physiker, eine theoretische Erklärung für den Aufbau und das Verhalten der Kerne zu finden. Ein Problem dabei besteht natürlich darin, dass sich die positiv geladenen Protonen auf Grund ihrer Ladung elektrisch stark abstoßen, es muss also eine Kraft geben, welche die Kernbausteine zusammenhält. Das historisch erste Modell für einen Atomkern war das Tröpfchenmodell. Es betrachtet den Kern in Analogie zu einem Flüssigkeitstropfen, der durch die Oberflächenspannung des Wassers in seiner näherungsweise kugelförmigen Form gehalten wird. Lise Meitner (1878–1968) und Otto Robert Frisch (1904–1979) lieferten im Jahr 1939 eine Erklärung für die von Otto Hahn (1879–1968) und Fritz Wilhelm Straßmann (1902–1980) beobachtete Uranspaltung. Trotz derartiger Erfolge kann das Tröpfchenmodell nichts über den Ursprung der den Kern zusammenhaltenden Kraft und wenig über die innere Struktur des Kerns aussagen. Ein weiteres Modell, das Schalenmodell, betrachtet die Kernbausteine als Teilchen, die im anziehenden Potenzial der Kernkraft gefangen sind, und berechnet ihre Energiezustände im Rahmen der Quantenmechanik, die wir gleich ausführlich diskutieren werden. Das Schalenmodell sagt viele Eigenschaften der Atomkerne richtig voraus, aber mehr Licht auf den Ursprung der vierten fundamentalen Kraft in der Natur, der starken Kraft, sollte erst die Teilchenphysik liefern, welche wir im letzten Kapitel dieses Buches beschreiben werden. Zunächst aber zur Quantenmechanik, die unsere Vorstellungen von der Materie grundlegend verändern sollte.

Die Quantenmechanik

Das Rätsel der Spektrallinien

Als Spektrallinien bezeichnet man dunkle oder helle Linien im nach den Farben des Regenbogens aufgespaltenen Licht von Objekten. Diese Linien wurden erstmals 1804 von William Hyde Wollaston (1766–1828) bzw. Joseph von Fraunhofer (1787–1826) als dunkle Linien im Spektrum der Sonne beobachtet. Man bezeichnet sie noch heute als Fraunhofer-Linien. Ein wichtiger Schritt auf dem Weg zu ihrer Interpretation gelang den deutschen Physikern Robert Wilhelm Bunsen (1811–1899) und Gustav Robert Kirchhoff (1824–1887), welche die Linien im Labor in den Flammen verschiedener chemischer Elemente beobachten konnten. Sie zeigten, dass die Linien für die erzeugten Elemente charakteristisch sind und sich die Elemente damit identifizieren lassen. Wie die Linien entstanden, blieb aber nach wie vor im Dunkeln.

Eine historisch wichtige Entdeckung gelang einem schweizerischen Zahlenjongleur namens Johann Jakob Balmer (1825–1898). Er fand im Jahr 1885 eine einfache zahlenmäßige Gesetzmäßigkeit für die sichtbaren Linien des Elements Wasserstoff, die man heute als Balmer-Formel bezeichnet. Sie sollte später Niels Bohr (1885-1962) auf den Weg zu seinem berühmten Atommodell weisen. Doch bevor wir diese Geschichte erzählen, wollen wir uns einer verblüffenden Entdeckung zuwenden, die das Weltbild der Physik erschüttern sollte. Sie gelang dem deutschen Physiker Max Planck (1858–1947) beim

! Chronologie der Quantenmechanik

Johann Jakob Balmer (1825–1898): Balmer-Formel
Max Planck (1858–1947): Quantenhypothese zur Erklärung der Hohlraumstrahlung
Albert Einstein (1879–1955): Quantenhypothese zur Erklärung des Fotoeffekts
Niels Bohr (1885–1962): Bohrsches Atommodell, Deutung der Quantenmechanik
Arthur Holly Compton (1892–1962): Streuung von Photonen an Elektronen
Loius de Broglie (1892–1987): Materiewellen
Wolfgang Pauli (1900–1958): Paulisches Ausschließungsprinzip
Werner Heisenberg (1901–1976): Matrizenmechanik, Unschärferelation
Paul Dirac (1902–1984): abstrakte Formulierung der Quantenmechanik
Erwin Schrödinger (1887–1961): Schrödinger-Gleichung, Wellenmechanik

Versuch, ein weiteres Rätsel der Physik zu lösen: das Rätsel der Hohlraumstrahlung.

Die Hohlraumstrahlung

Als Hohlraum- oder Schwarzkörperstrahlung bezeichnet man die elektromagnetische Strahlung, die von einem Körper ausgeht, der alle einfallende elektromagnetische Strahlung absorbiert (daher: „schwarz“ ist). Experimentell lässt sich dies z. B. durch einen Ofen mit einer kleinen Öffnung realisieren, in der die Strahlung gemessen wird. Dies hört sich zunächst nach einem sehr speziellen, ja geradezu akademischen Problem an, ist aber, wie wir gleich sehen werden, in Wahrheit von fundamentaler Bedeutung. Dass es eine direkte Korrelation zwischen der Farbe eines Ofens und seiner Temperatur gibt, war in vielen technischen Bereichen wie z. B. in der Metall- oder Porzellanverarbeitung wohl bekannt. Es wurde auch vermutet, dass alle Körper - unabhängig vom Material - bei der gleichen Temperatur rot zu glühen beginnen. Gustav Robert Kirchhoff (1824–1887) konnte in der Tat aus den Gesetzen der Thermodynamik für die Hohlraumstrahlung ableiten, dass sie nur von der Temperatur und Wellenlänge (oder Frequenz) abhängt, nicht aber von den Eigenschaften des Körpers. Es handelt sich also wirklich um ein fundamentales Phänomen.

Besonderes Interesse der Physiker erregte das Spektrum der Hohlraumstrahlung, also die Verteilung der Strahlungsintensität bei verschiedenen Wellenlängen. Neben verbesserten experimentellen Bestimmungen des Spektrums versuchten die Physiker eingehend, das Spektrum aus den Gesetzen der Thermodynamik und Maxwells elektromagnetischer Theorie vorherzusagen. Ein erster Schritt war der von Kirchhoff, wonach das Spektrum nur von der Temperatur abhängt. Ein zweiter Schritt gelang dem österreichischen Physiker Josef Stefan (1835–1893), der im Jahr 1879 experimentell zeigen konnte, dass die gesamte von einem Hohlraum abgestrahlte Energie mit der vierten Potenz der Temperatur anwächst. Eine theoretische Begründung für diese heute Stefan-Boltz-

? Schon gewusst?

Das Rayleigh-Jeans-Gesetz gibt das Verhalten der Hohlraumstrahlung bei kleinen Frequenzen richtig wieder, sagt aber einen Anstieg der Energiedichte mit dem Quadrat der Frequenz vorher. Dies würde bei hohen Strahlungsfrequenzen (z.B. im Ultraviolett- oder Röntgenbereich) zu viel zu hohen Energiedichten führen, was als „Ultraviolettkatastrophe“ in die Physikgeschichte eingegangen ist.

mann-Gesetz genannte Beziehung lieferte Ludwig Boltzmann (1844–1906) im Jahr 1884. Die Vorhersage der spektralen Energieverteilung erwies sich als schwieriger. John William Strutt (Lord Rayleigh, 1842–1919) und James Hopwood Jeans (1877–1946) stellten im Jahr 1900 das Rayleigh-Jeans-Gesetz vor, das das Verhalten bei kleinen Frequenzen richtig wiedergibt, bei großen Frequenzen aber zu unsinnig hohen Energiedichten der Hohlraumstrahlung führt.
Buchstäblich auf der anderen Seite des Schwarzkörperspektrums steht das Wiensche Strahlungsgesetz, das der deutsche Physiker Wilhelm Karl Werner Wien (1864–1928) im Jahr 1896, wiederum aus der Verbindung von Thermodynamik und Elektromagnetismus, herleitete. Das Wiensche Gesetz gibt den Verlauf des Spektrums für hohe Frequenzen richtig wieder, versagt aber völlig bei kleinen Frequenzen. Beim Rayleigh-Jeans-Gesetz ist es

John W. S. Rayleigh

genau umgekehrt. Woher die Diskrepanzen kommen, und auf welche Weise sich eine Formel für das Spektrum der Hohlraumstrahlung theoretisch begründen lässt, blieb weiterhin völlig unklar, bis der deutsche Physiker Max Planck (1859–1947) vor lauter Verzweiflung auf einen fantastischen Gedanken kam.

Die revolutionäre Idee des Max Planck

Ausgangspunkt der theoretischen Arbeiten zum Spektrum der Hohlraumstrahlung waren die grundlegenden Erkenntnisse der Thermodynamik (insbesondere der Zusammenhang zwischen mittlerer Teilchenenergie und der Temperatur) und der Maxwellschen Elektrodynamik, welche ja die elektromagnetischen Wellen der Strahlung beschreibt. Max Karl Ernst Ludwig Planck (1858–1947) nahm an, dass die Teilchen der Wand alle kleine Oszillatoren waren, die elektromagnetische Wellen einfangen und abstrahlen und so das Spektrum der Hohlraumstrahlung erzeugen. Allerdings konnte er mit rein klassischen Mitteln das experimentell beobachtete Spektrum nicht erklären. In einer „regelrechten Verzweiflungstat" (wie er selbst sagte) führte Planck eine zusätzliche Forderung ein: Die Oszillatoren konnten Strahlungsenergie nicht in beliebig kleinen Mengen, son-

Max Planck

dern nur in Einheiten mit Energie $E = h\nu$ einfangen oder abstrahlen. Diese einfache Formel wird uns noch mehrmals begegnen. Dabei ist E die Energie, h die plancksche Konstante (eine der fundamentalen Naturkonstanten) und ν die Frequenz der Strahlung. Mit anderen Worten: Die Strahlung tritt in kleinen Paketen oder Quanten auf!

Diese Entdeckung markiert den Beginn der Quantenmechanik, denn nicht nur bei der Hohlraumstrahlung treten diese Energiequanten auf. In der Welt des Kleinen sind sie allgegenwärtig, und Plancks Entdeckung stellt nicht nur den Durchbruch bei der theoretischen Begründung des Hohlraumspektrums dar, sondern liefert auch die Vorlage für die Lösung des Rätsels vom Aufbau der Atome und der Entstehung der Spektrallinien. Plancks Theorie ist auch dahingehend interessant, als das Licht, das ja als elektromagnetische Welle beschrieben werden kann, in Plancks Vorstellung bei der Wechselwirkung mit den Teilchen der Wand den Charakter eines Teilchens hat. Dieser Welle-Teilchen-Dualismus wird uns in der Quantenmechanik noch häufiger begegnen. Welch ungeheures Aufsehen dies in der Welt der Physik hervorrief, und wie sehr dies das Weltbild der Physiker erschütterte, macht ein Zitat von Al-

! Die Entdeckung des Fotoeffekts

Der Fotoeffekt (lichtelektrischer Effekt, Hallwachs-Effekt) wurde im Jahr 1887 von Heinrich Rudolph Hertz (1857–94), dem Entdecker der elektromagnetischen Wellen, gefunden. Hertz fiel auf, dass die Funkenzahl bei Entladung einer negativ geladenen Platte durch Bestrahlung mit ultraviolettem Licht erhöht werden kann. Beim Fotoeffekt werden durch das Licht Elektronen aus dem Metall geschlagen. Wilhelm Ludwig Franz Hallwachs (1859–1922) untersuchte den Effekt genauer, und Philipp Eduard Anton Lenard (1862–1947) konnte schließlich die wichtige Beobachtung machen, dass die Geschwindigkeit der Elektronen nicht von der Intensität, sondern von der Frequenz des eingestrahlten Lichts abhängt.

bert Einstein (1879–1955) deutlich: „Es war, wie wenn einem der Boden unter den Füßen weggezogen worden wäre, ohne dass sich irgendwo fester Grund zeigte, auf den man hätte bauen können." Für seine Entdeckung erhielt Max Planck im Jahr 1918 den Nobelpreis für Physik.

Albert Einsteins Interpretation des Fotoeffekts

Der Fotoeffekt, bei dem Elektronen durch Bestrahlung mit kurzwelligem Licht aus einem Metall geschlagen werden, hat die Physiker einige Zeit verwirrt. Vor allem die Tatsache, dass die Geschwindigkeit der herausgeschlagenen Elektronen nicht von der Intensität des eingestrahlten Lichts, sondern nur von dessen Frequenz abhängt, war für die klassische Physik unverständlich. Betrachtet man nämlich den Fotoeffekt als Absorption einer elektromagnetischen Welle, die dadurch ihre Energie auf das Elektron überträgt, so sollte eine höhere Wellenintensität zu schnelleren Elektronen führen, was aber gemäß den Untersuchungen von Philipp Eduard Anton Lenard (1862–1947) eben nicht der Fall war.

Eine Interpretation des Fotoeffekts, der mit Lenards Messungen übereinstimmte, lieferte kein geringerer als Albert Einstein

Albert Einstein

(1879–1955) in seinem „Wunderjahr" 1905. Eine der vier bahnbrechenden Arbeiten, die er in jenem Jahr veröffentlichte, betraf die Lichtquantenhypothese. Darin legt Einstein dar, dass Licht eben nicht einfach nur eine Welle ist, sondern auch Teilchencharakter hat. Die Energie eines Lichtquantums oder Photons ist dabei durch die bereits von Max Planck (1858–1947) im Zusammenhang mit der Hohlraumstrahlung aufgestellte Formel $E = h\,\nu$ gegeben, wobei h die Plancksche Konstante und ? die Frequenz des Lichts darstellt. Im Rahmen dieses Modells gelang es Einstein, die Messungen zum Fotoeffekt zu erklären: Die auf das Elektron übertragene Energie (und damit seine Geschwindigkeit) hängt von der Energie des absorbierten Photons (und damit von der Frequenz) ab, genauso wie es die Experimente von Lenard gezeigt hatten. Plancks Quantenhypothese hatte damit eine weitere wichtige Stütze gefunden.

Das bohrsche Atommodell

Eine mathematische Beschreibung für die Spektrallinien im Wasserstoffatom gelang dem dänischen Physiker Niels Hendrik David Bohr (1885–1962) im Jahr 1913. Das Wasserstoffatom ist das einfachste Atom und besteht, wie wir seit den Pionierarbeiten von Ernest Rutherford (1871–1937) und seinen Nachfolgern wissen, aus einem positiv geladenen Kern und einem einzelnen Elektron. Bohrs Grundvorstellung war, dass sich im Wasserstoffatom das Elektron auf bestimmten Bahnen um den Kern bewegt, ganz ähnlich wie die Planeten um die Sonne. (Dass diese Vorstellung völlig falsch ist, sollte sich erst später erweisen.) Die Grundidee seines Atommodells war Folgende: Beim Übergang zwischen zwei Bahnen (die ja unterschiedliche Energie haben) nimmt das Elektron die Energie $E = h\nu$ von einem Lichtteilchen (Photon) auf (absorbiert ein Photon) oder strahlt sie ab (emittiert ein Photon), je nachdem ob das Elektron von einer Bahn niedriger Energie auf eine mit hoher Energie wechselt oder umgekehrt. Hier nimmt Bohr also ganz stark auf die von Planck postulierte Quantisierung der Lichtteilchen Bezug. Da in einem Spektrum nicht beliebige Spektrallinien bei allen Wellenlängen auftreten, muss es eine Serie von bestimmten, festgelegten, erlaubten Bahnen für das Elektron im Wasserstoffatom geben. Ausgehend von der von Johann Jakob Balmer (1825–1898) gefundenen empirischen Formel für die Energien der Spektrallinien im Wasserstoff, kann Bohr eine Quantisierungsbedingung für die erlaubten Elektronenbahnen aufstellen, die das Spektrum des Wasserstoffatoms richtig beschreibt. Damit sollte es

! Stern-Gerlach-Experiment

Eine wichtige Konsequenz des Bohrschen Atommodells (oder allgemeiner jedes quantenmechanischen Atommodells), die so genannte Richtungsquantelung im Magnetfeld, konnte im Jahr 1921 im Experiment eindrucksvoll bestätigt werden. In einem äußeren Magnetfeld können die Drehimpulse der Elektronen nämlich nicht jede beliebige Richtung einnehmen, sondern es sind nur ganz bestimmte Orientierungen und damit verbundene Energiewerte erlaubt. Diese Richtungsquantelung konnte von Otto Stern (1888–1969) und Walther Gerlach (1889–1979) im Stern-Gerlach-Experiment nachgewiesen werden und entwickelte sich damit zu einer wichtigen Stütze für die frühe Quantenmechanik.

zum Ausgangspunkt der weiteren Forschungsarbeiten zum Aufbau der Atome werden.
Trotz dieses Erfolges ist das bohrsche Atommodell ein Übergangsmodell, das zwar mit der Quantisierung der Energiezustände im Atom und mit der Absorption und Emission von Photonen Grundprinzipien der neuen Quantentheorie aufstellt, aber es ist mit seiner Vorstellung von Elektronenbahnen noch sehr stark in der klassischen Physik verwurzelt. Nachfolgende Atommodelle sollten gründlich mit derart naiven Vorstellungen aufräumen.

Das Pauli-Prinzip und das Periodensystem der Elemente

Seit alters her war das Isolieren von Elementen wie z. B. Wasserstoff, Sauerstoff, Gold oder Blei eine der Aufgaben der Chemie. Denn die Elemente verhalten sich bei chemischen Reaktionen höchst unterschiedlich: Einige sind besonders reaktionsfreudig, andere verhalten sich eher träge wie die Edelgase, manche können nur ganz bestimmte Bindungen eingehen, andere wie der Kohlenstoff sind zu einer Vielzahl von möglichen Verbindungen fähig. Es war also historisch durchaus naheliegend, die Elemente nach ihren chemischen Eigenschaften zu sortieren, d. h. Elemente mit ähnlichen Bindungseigenschaften in

Dimitrij Mendelejew

Gruppen zu ordnen. Im Jahr 1869 gelangten der russische Chemiker Dimitrij Iwanowitsch Mendelejew (1834–1907) und sein deutscher Kollege Julius Lothar Meyer (1830–1895) unabhängig voneinander zum ersten umfassenden Periodensystemen der Elemente.
Doch wodurch ist die Ordnung im Periodensystem bestimmt? Die chemischen Eigenschaften eines Elements sind durch seine äußeren Elektronen festgelegt. Die gesamte Elektronenzahl eines Atoms ist gleich der Zahl der positiven Ladungen im Atomkern. Aber wie verteilen sich diese Elektronen im Kern und wieviele stehen für chemische Bindungen zur Verfügung? Dies blieb lange rätselhaft, bis der Physiker Wolfgang Pauli (1900–1958) das nach ihm benannte Paulische Ausschließungsprinzip fand. Es besagt, dass zwei Elektronen niemals in all ihren Quantenzahlen übereinstimmen dürfen. Quantenzahlen geben die Eigenschaften eines Elektrons in der Hülle wie Energie, Bahndrehimpuls, Eigendrehimpuls etc. an. Im Fall des Periodensystems bestimmt das Pauli-

Prinzip die Verteilung der Elektronen in der Atomhülle und damit auch dessen chemisches Verhalten.

Dimitrij Mendelejew

Compton-Effekt und Photonen

Eine Bestätigung der von Albert Einstein (1879–1955) aufgestellten Photonenhypothese, nach der sich Licht wie ein Teilchen verhält, lieferte im Jahr 1922 der von Arthur Holly Compton (1892–1962) entdeckte Compton-Effekt. Compton beobachtete, dass Röntgen- und Gammastrahlung, die auf ein Atom mit seinen Elektronen trifft, gelegentlich in einem Stoß einen Teil seiner Energie auf ein Elektron überträgt. Nach dem Stoß hat die Strahlung eine niedrigere Energie (also eine größere Wellenlänge) als zuvor. Compton und Peter Joseph Wilhelm Debey (1884–1966) konnten bald darauf unabhängig voneinander zeigen, dass sich die experimentellen Ergebnisse des Compton-Effekts nur erklären lassen, wenn man annimmt, dass sich das einfallende Röntgen- oder Gammalicht wie ein Teilchen verhält. Für die Entdeckung des Compton-Effekts wurde Arthur Holly Compton der Physik-Nobelpreis des Jahres 1927 zugesprochen.

! Teilchen sind Wellen!

Dass Licht, obwohl es als elektromagnetische Welle beschrieben werden kann, in vielen Prozessen wie ein Teilchen, als Photon, auftritt, haben wir bereits gesehen. Dieser Welle-Teilchen-Dualismus ist eine fundamentale Eigenschaft des Lichts. Einen wichtigen Schritt auf dem Weg zu einer quantenmechanischen Beschreibung von Teilchen ging der französische Physiker Loius Victor Pierre Raymond de Broglie (1892–1987) im Jahr 1924, als er Teilchen, wie dem Elektron, gemäß ihrem Impuls eine Wellenlänge zuwies! Dass auch Elektronen, genau wie Lichtwellen, Beugungseffekt zeigen, konnte im Jahr 1927 von Clinton Joseph Davisson (1881–1958), Lester Halbert Germer (1896–1971) und George Paget Thomson (1892–1975) experimentell nachgewiesen werden.

Matrizenmechanik des Werner Heisenberg

Das Jahr 1925 sollte neues Licht auf die seltsame Quantenwelt werfen. In diesem Jahr entwarf

Schon gewusst?

Unter einer Matrix versteht man in der Mathematik eine Menge von in Zeilen und Spalten angeordneten Zahlen. Für Matrizen gelten ganz bestimmte Rechenregeln.
Mithilfe seiner Matrizenmechanik konnte Werner Heisenberg aus wenigen, allgemeinen Regeln dieselben Voraussagen für das Wasserstoffspektrum treffen wie vorher für das bohrsche Atommodell! Da das bohrsche Modell ja nur ein empirisch motivierter, noch halb im klassischen physikalischen Denken verwurzelter Ansatz ist, wurde durch die heisenbergsche Formulierung der Quantenmechanik erstmals ein wenig Licht auf die zugrunde liegenden Prinzipien geworfen. Gewonnen war damit aber eher eine Einsicht in die mathematischen Strukturen denn ein tiefer gehendes Verständnis. Dennoch markiert die Matrizenmechanik einen wichtigen Schritt auf dem Weg zur Entwicklung der Quantenmechanik und machte den jungen Werner Heisenberg schlagartig berühmt. Für seine bahnbrechenden Arbeiten wurde Werner Heisenberg der Physik-Nobelpreis im Jahr 1932 verliehen.

Werner Heisenberg

der junge deutsche Physiker Werner Karl Heisenberg (1901–1976) in Zusammenarbeit mit Max Born (188–1970) und Ernst Pascual Jordan (1902–1980) ein Rechenschema, dass auf der Mathematik von Matrizen beruhte, und daher Matrizenmechanik genannt wird.

Paul Diracs Abstraktion der Quantenmechanik

Kennzeichnend für die frühe Entwicklung der Quantenmechanik ist, dass sich die Physiker ihr von mehreren Seiten zu nähern suchten. Werner Heisenberg (1901–1976) etablierte die Matrizenmechanik, die aufbauend auf die Mathematik der Matrizen eine Reihe von Rechenvorschriften etablierte, welche zu denselben Aussagen kommen wie das halbklassische bohrsche Atommodell. Zu einem ähnlichen Erfolg kam im Jahr 1926, aus einer ganz anderen Richtung kommend, im englischen Cambridge der Physiker Paul Adrien Maurice Dirac (1902–1984), wofür er im Jahr

1933 den Nobelpreis für Physik zugesprochen bekam. Seine sehr abstrakte, aber ungewöhnlich elegante Formulierung der Quantenmechanik geht von einer formalen Analogie zur klassischen Mechanik in der vollendeten Fassung von William Rowan Hamilton (1805–1865) aus. Am konkreten Problem (z. B. beim Wasserstoffatom) kommt die diracsche Quantenmechanik zu denselben Voraussagen wie die heisenbergsche Matrizenmechanik, aber die deutlich allgemeinere Formulierung verschaffte den Physikern wichtige Einblicke in die Struktur der Quantenmechanik.

Paul Dirac

Schrödingers Wellengleichung

Und noch eine dritte Sichtweise auf die Quantenmechanik konnte sich neben der Heisenbergschen und der Diracschen Formulierung etablieren: die Wellenmechanik. Ihren Namen verdankt diese Theorie einer berühmten Gleichung, die der österreichische Physiker Erwin Schrödinger (1887–1961) ebenfalls im Jahr 1926 aufgestellt hatte. Diese Schrödinger-Gleichung beschreibt das quantenmechanische Verhalten einer zunächst nicht weiter bestimmten Funktion ν. Die Form der Schrödinger-Gleichung ist die einer Wellengleichung wie sie in der klassischen Physik für alle Arten von Wellenphänomenen – sei es in der Hydrodynamik, in der Akustik oder in der maxwellschen Theorie der elektromagnetischen Wellen – wohl bekannt ist. Das ist zunächst mal ein großer Vorteil, denn mit derartigen Gleichungen können die Physiker gut umgehen, und es ist nicht zuletzt diese Tatsache, welche die schrödingersche Formulierung der Quantenmechanik so populär gemacht hat.

Es konnte nämlich gezeigt werden, dass auch aus der Schrödinger-Gleichung Lösungen folgen, die den Energiezuständen im Wasserstoffatom entsprechen. Schrödinger erhielt für seine grundlegende Arbeit zur Quantenmechanik den Physik-Nobelpreis des Jahres 1933.

Erwin Schrödinger

Die Deutung der Quantenmechanik

Im Jahr 1926 hatten die Physiker also drei unabhängige Formulierungen für die Quantenmechanik zur Verfügung: die heisenbergsche Matrizenmechanik, Diracs Formulierung und die Schrödinger-Gleichung. Noch im selben Jahr konnte gezeigt werden, dass alle drei gleichwertig sind, d. h. im konkreten Problem (z. B. beim Wasserstoffatom) zur selben Lösung führten. Unklar war nach wie vor die Interpretation der Funktion v, die in der Schrödinger-Gleichung auftaucht. Ebenfalls im Jahr 1926 schlug Max Born (1882–1970) vor, dass v mit der Aufenthaltswahrscheinlichkeit eines Teilchens zusammenhängt, die Quantenmechanik damit letztlich nur eine Wahrscheinlichkeitsaussage über den Aufenthaltsort eines Teilchens macht. Diese Interpretation der Quantenmechanik hat sich weit gehend durchgesetzt. Es ist also nicht sinnvoll, in der Ausdrucksweise der klassischen Physik von einer „Bahn“ des Elektrons im Atom zu sprechen, vielmehr sagt die Quantenmechanik eine bestimmte Aufenthaltswahrscheinlichkeit des Elektrons im dreidimensionalen Raum vorher. Natürlich haben auch die Physiker einige Schwierigkeiten mit einer derartigen Interpretation. Zwar haben sie sich daran gewöhnt, mit den Grundgleichungen der Quantenmechanik zu rechnen und der Richtigkeit der Ergebnisse zu vertrauen, aber wirklich begreifen kann diese Konzepte auch ein Physiker nicht. Das Unbehagen, das viele Physiker nicht nur in der damaligen Zeit gegenüber der Wahrscheinlichkeitsinterpretation der Quantenmechanik hatten, drückt sich schön in einem Zitat von Albert Einstein (1879–1955) aus. Einstein, der selbst mit seiner Relativitätstheorie das physikalische Weltbild revolutioniert hatte, stand der Quantenmechanik zeit seines Lebens sehr skeptisch gegenüber. Er schrieb einmal: „Gott würfelt nicht.“

Die Heisenbergsche Unschärferelation

Eine enorm wichtige Einsicht in die Grundlagen der quantenmechanischen Welt gelang wiederum Werner Heisenberg (1901–1976) im Jahr 1927, nur ein Jahr nachdem er seine Matrizenmechanik vorgestellt hatte. Er fand die Heisenbergsche Unschärferelation, nach der Ort und Impuls (oder Geschwindigkeit) eines Teilchens in der Quantenmechanik nie gleichzeitig mit beliebig hoher Genauigkeit bestimmt werden können. Anders gesagt: Je genauer der Ort bestimmt wird, desto unschärfer wird der Impuls und umgekehrt. Dies ist wohlgemerkt nicht auf das Versagen etwaiger

Messinstrumente zurückzuführen, sondern eine grundlegende Eigenschaft jedes quantenmechanischen Systems. In unserem Alltag kommt dies allerdings nie zum Tragen, weil die Gegenstände unserer makroskopischen Welt viel zu groß sind um quantenmechanische Effekte sichtbar werden zu lassen.

Werner Heisenberg

Spin und Quantenstatistik

Auch auf einem anderen Gebiet brachte die Quantenmechanik Fortschritte: im Bereich der Statistischen Physik. Von Ludwig Boltzmanns (1844–1906) bahnbrechenden Arbeiten zur Physik im Phasenraum (ein sechsdimensionaler Raum aus den drei Orts- und den drei Impulskoordinaten) hatten wir ja schon berichtet. Boltzmanns Erkenntnis, dass die Zahl möglicher Zustände eines Systems durch die Zahl von erlaubten „Zellen" im Phasenraum vorgegeben ist, hatte mit der Schwierigkeit der Bestimmung der Größe dieser Zellen zu kämpfen. Es stellte sich heraus, dass die Größe einer fundamentalen Phasenraumzelle aus der Quantenmechanik folgt.

Und noch mehr: Eine wichtige quantenmechanische Eigenschaft jedes Teilchens bestimmt sein statistisches Verhalten! Diese Eigenschaft ist der Spin (englisch: Drehung, Drall) oder Eigendrehimpuls eines Teilchens. In der Quantenmechanik kommt dieser Spin in ganz- oder halbzahligen Einheiten vor. So hat das Elektron z. B. den Spin 1/2, das Photon dagegen den Spin eins.

Die statistischen Eigenschaften von Photonen wurden im Jahr 1924 vom indischen Physiker Satyendra Nath Bose (1894–1974) aufgestellt und im Jahr 1925 von Albert Einstein (1879–1955) für materielle Teilchen mit ganzzahligem Spin erweitert. Diese spezielle Form des statistischen Verhaltens von Teilchen mit ganzzahligem Spin bezeichnet man daher

! Die Entdeckung des Elektronenspin

Der Ruhm für die Entdeckung des Elektronenspin gebührt den niederländischen Physikern George Eugene Uhlenbeck (1900–1988) und Samuel Abraham Goudsmit (1902–1978), welche die Existenz des Eigendrehimpulses des Elektrons aus den Atomspektren ableiteten.

als Bose-Einstein-Statistik, ein Teilchen mit ganzzahligem Spin ganz allgemein als Boson.

Eine Quantenstatistik für Elektronen wurde im Jahr 1926 vom italienischen Physiker Enrico Fermi (1901–1954) angegeben. Unabhängig von Fermi beschäftigte sich auch Paul Adrien Maurice Dirac (1902–1984) mit dem Problem und formulierte die Statistik ganz allgemein für Teilchen mit halbzahligem Spin, die man als Fermionen bezeichnet. Es war auch Dirac, der den fundamentalen Unterschied zwischen Fermionen und Bosonen erkannte.

Worin besteht dieser Unterschied? Nun, etwas salopp könnte man sagen, dass Bosonen sehr gesellige Teilchen sind, während Fermionen gerne ihre Privatsphäre wahren. Dass sich zwei Elektronen (die ja Fermionen sind) niemals im selben Quantenzustand befinden können, hatte ja schon Wolfgang Pauli (1900–1958) in seinem Ausschließungsprinzip formuliert. Dirac konnte dies für alle Fermionen, also alle Teilchen mit halbzahligem Spin beweisen. Bosonen hingegen können nicht nur denselben Quantenzustand einnehmen, sie tun dies sogar gelegentlich mit Begeisterung. Insbesondere bei niedrigen Temperaturen führt dies dazu, dass Bosonen gemeinsam in den Grundzustand, den niedrigst möglichen quantenmechanischen Energiezustand, fallen und dabei ein höchst interessantes Verhalten zeigen. Im folgenden Abschnitt, der sich mit der Physik bei niedrigen Temperaturen beschäftigt, werden wir einige faszinierende Beispiele für dieses Verhalten kennen lernen.

! Pauli-Druck und Weiße Zwerge

Weiße Zwerge sind Endzustände der Sternentwicklung, die sehr klein und sehr heiß sind, wodurch sie in bläulichweißes Licht abstrahlen. Sie werden durch das quantenmechanische Pauli-Prinzip aufrechterhalten, wonach Elektronen nicht beliebig stark zusammengedrückt werden können. Die meisten Weißen Zwerge haben Massen unterhalb der Sonnenmasse, und es ist kein Weißer Zwerg mit einer deutlich höheren Masse bekannt. Der Grund hierfür wurde von Subrahmanyan Chandrasekhar (1910– 1995) gefunden: Bei 1,44 Sonnenmassen wird der Weiße Zwerg instabil und kollabiert.

Phänomene in der Kälte

Die Tieftemperaturphysik beschäftigt sich mit dem Verhalten von Flüssigkeiten und Festkörpern bei niedrigen Temperaturen. Nachdem die Voraussetzungen für die

Verflüssigung von Gasen geschaffen worden waren, entwickelte sich das Gebiet schnell zu einem der faszinierendsten Forschungsgebiete der Physik. Besonders interessant ist die Physik niedrigster Temperaturen, weil viele Systeme in der Nähe des absoluten Temperaturnullpunkts seltsame Eigenschaften haben, die auf der quantenmechanischen Natur der Teilchen beruhen.

Die Verflüssigung von Gasen

Die Physik der tiefen Temperaturen kann grob nach den Verflüssigungstemperaturen häufiger Gase eingeteilt werden. Sauerstoff wird bei 90K (-183 °C) flüssig, Stickstoff bei 77K (-196 °C), Wasserstoff bei 20K (-253 °C), Helium-4 bei etwa 4K (-269 °C) und Helium-3 bei etwa 2K (-271 °C). Normale Luft, ein Gemisch aus Stickstoff und Sauerstoff verflüssigt sich bei etwa 80K (-193 °C).

Technisch beruht die Verflüssigung von Gasen auf den thermodynamischen Prinzipien von Wärme-Kraft-Maschinen. Bei einem Motor wird einem Wärmereservoir Wärme entzogen, um mechanische Arbeit zu verrichten. Umgekehrt kann man auch mechanische Arbeit einsetzen, um einem Reservoir Wärme zu entziehen und es dabei abzukühlen. Nach diesem Prinzip funktioniert nicht nur unser Kühlschrank sondern auch die Kältemaschine zur Verflüssigung von Gasen. Pionierarbeit auf diesem Gebiet leistete James Dewar (1842–1923). Er stellte im Jahr 1885 nicht nur größere Mengen flüssigen Sauerstoffs und flüssiger Luft her, sondern erfand auch das Dewar-Gefäß, ein doppelwandiges Isoliergefäß mit evakuiertem Zwischenraum, das noch heute als Thermosflasche Verwendung findet. Die großtechnische Herstellung von flüssiger Luft erfolgte ab 1895 durch Carl Paul Gottfried von Linde (1842–1934). Dewar gelang im Jahr 1898 die Verflüssigung von Wasserstoff bei -253 °C.

! Kleine Chronik der Tieftemperaturphysik

James Dewar (1842–1923): Flüssige Luft, flüssiger Sauerstoff, Isoliergefäß
Heike Kamerlingh Onnes (1853–1926): flüssiges Helium, Supraleitung
Pjotr Leonidowitsch Kapiza (1894– 1984): Supraflüssigkeit von Helium-4
David M. Lee (*1931), **Douglas D. Osheroff** (*1945), **Robert C. Richardson** (*1937): Supraflüssigkeit von Helium-3
Eric A. Cornell (*1963), **Carl E. Wieman** (*1951), **Wolfgang Ketterle** (*1958): Realisierung eines Bose-Einstein-Kondensats

! Absolute Temperatur

In der Natur gibt es einen absoluten Temperaturnullpunkt, der nicht unterschritten werden kann und bei -273,15 °C liegt. Absolute Temperaturen werden in Kelvin (K) gemessen, der Nullpunkt liegt natürlich bei 0 K, Eis schmilzt bei 273,15 K, Wasser siedet bei 373,15 K.

Die Supraleitung

Im Jahr 1911 untersuchte der niederländische Physiker Heike Kamerlingh Onnes (1853–1926) den elektrischen Widerstand von Metallen bei sehr niedrigen Temperaturen. Vollkommen überraschend stellte er fest, dass der elektrische Widerstand unterhalb einer „kritischen Temperatur" schlagartig zusammenbricht. Nach heutigem Wissen scheint der Widerstand unterhalb der kritischen Temperatur (typisch etwa 10 K) tatsächlich zu verschwinden: Strom wird in diesen Supraleitern verlustfrei geleitet! Für seine Entdeckung wurde Kamerlingh Onnes im Jahr 1913 der Nobelpreis für Physik verliehen.

Doch auch die magnetischen Eigenschaften von Supraleitern sind seltsam: Das Innere eines Supraleiters, der in ein äußeres Magnetfeld gebracht wird, bleibt immer frei von magnetischen Feldern, das Magnetfeld wird gleichsam aus dem Supraleiter hinausgedrängt. Dieses Meissner-Ochsenfeld-Effekt genannte Phänomen ist nicht allein auf den verschwindenden Widerstand zurückzuführen.

Die theoretische Erklärung dieser Phänomene ließ bis zum Jahr 1957 auf sich warten und wurde von John Bardeen (1908–1991), Leon N. Cooper (*1930) und John Robert Schrieffer (*1931) ausgearbeitet, wofür sie den Nobelpreis für Physik des Jahres 1972 erhielten. Zunächst stellte man experimentell fest, dass als Ladungsträger im Supraleiter nicht wie bei Raumtemperatur einzelne Elektronen, sondern Elektronenpaare, die so genannten Cooper-Paare, auftreten. Diese Paare bilden sich, weil über die Verformung des aus positiven Atomrümpfen bestehenden Metallgitters durch ein Elektron eine schwache Anziehungskraft auf andere Elektronen ausgeübt wird. Einzelne Elektronen haben halbzahligen Spin und sind daher Fermionen, während ein Cooper-Paar ganzzahligen Spin hat, sich also wie ein Boson verhält. Im Gegensatz zu den Einzelelektronen unterliegen Cooper-Paare nicht dem Pauli-Ausschließungsprinzip, können also denselben Quantenzustand einnehmen: Sie bilden ein miteinander gekoppeltes, makroskopisches System relativ hoher Stabilität. Während im Normalleiter ein fließender Strom leicht durch Streuung einzelner Elektronen reduziert werden kann, fällt dies beim Supraleiter schwer, weil das Gesamtsystem der miteinander wechselwirkenden Cooper-Paare sich der Störung widersetzt. Diese makroskopische Manifestation quantenmechanischer Eigenschaften führt auch dazu, dass der magnetische Fluss innerhalb eines geschlossenen Suprastromkreises quantisiert ist, also nur ganz bestimmte Werte annehmen kann. Dies verursacht letztlich den Meissner-Ochsenfeld-Effekt.

Die Suprafluüssigkeit von Helium

Die Verflüssigung von Helium-4 (dessen Kern aus zwei Protonen und zwei Neutronen besteht) bei 4K (-269 °C) gelang im Jahr 1908 dem niederländischen Physiker Heike Kamerlingh Onnes (1853–1926), dem Entdecker der Supraleitung. Kamerlingh Onnes untersuchte die Flüssigkeit genauer und fand bei einer Temperatur von etwa 2 K ein Maximum der Dichte und eine sehr große Wärmekapazität, konnte diese aber nicht erklären. Im Jahr 1938 untersuchte der sowjetische Physiker Pjotr Leonidowitsch Kapiza (1894–1984) die Viskosität (Zähigkeit) von flüssigem Helium-4 und entdeckte, dass diese fast verschwindet – eine Erscheinung, die man als Suprafluüssigkeit bezeichnet. Bei sehr niedrigen Temperaturen fließt Helium-4 verlustfrei. Für die Entdeckung dieses Phänomens erhielt Kapiza im Jahr 1978 den Nobelpreis für Physik.

Die Interpretation dieses Phänomens erfolgt analog zur Supraleitung. Helium-4-Atome sind Bosonen, gehen also unterhalb einer bestimmten Temperatur in einen gemeinsamen Grundzustand über. Dabei bilden sie ein stabiles, makroskopisches System, das sich äußeren Störungen ebenso widersetzt wie das System der Cooper-Paare, das die Supraleitung verursacht. Für seine Arbeiten zur Theorie der Suprafluüssigkeit von Helium-4 wurde Lew Dawidowitsch Landau (1908–1968) im Jahr 1962 der Physik-Nobelpreis verliehen.

Anfang der 1970er-Jahre entdeckten David M. Lee (*1931), Douglas D. Osheroff (*1945) und Robert C. Richardson (*1937), dass auch das fermionische Helium-3 bei einer sehr kleinen Temperatur von 0,002 K suprafluüssig wird, wofür sie im Jahr 1996 mit dem Nobelpreis ausgezeichnet wurden. Theoretisch wird dies auch analog zur Supraleitung erklärt: Obwohl Helium-3-Atome Fermionen sind, bilden sie bei kleinen Temperaturen Paare, die bosonische Eigenschaften haben. Dies ist ähnlich zu den Cooper-Paaren der

Supraleitung, aber die Zustände sind bei Helium-3 komplizierter. Die Supraflüssigkeit ist aber im Prinzip wieder auf einen gemeinsamen Grundzustand der bosonischen Helium-3-Paare zurückzuführen. Für seine Arbeiten zur Theorie der Helium-3-Supraflüssigkeit erhielt Anthony Leggett (*1938) im Jahr 2003 den Nobelpreis für Physik.

Lew Landau

Das Bose-Einstein-Kondensat

Eine Folgerung der 1924/25 von Satyendra Nath Bose (1894–1974) und Albert Einstein (1879–1955) aufgestellten Quantenstatistik für Bosonen (Teilchen mit ganzzahligem Spin) ist die Existenz eines gemeinsamen Grundzustandes bei sehr niedrigen Temperaturen. Dabei verändern sich die Eigenschaften des Teilchensystems schlagartig, es tritt ein so genannter Phasenübergang auf. Das resultierende Teilchensystem bezeichnet man als Bose-Einstein-Kondensat. Es sollte bis zum Jahr 1995, also etwa 70 Jahre dauern, bis das theoretisch vorhergesagte Bose-Einstein-Kondensat experimentell realisiert wurde. Dies gelang bei einer Temperatur im Bereich von Millionstel Kelvin den Physikern Eric A. Cornell (*1963), Carl E. Wieman (*1951) und Wolfgang Ketterle (*1958), wofür sie im Jahr 2001 mit dem Nobelpreis für Physik geehrt wurden.

Physik fester Körper

Die Festkörperphysik beschäftigt sich mit den Strukturen und den Eigenschaften fester Körper. Dabei stehen v. a. die optischen, elektrischen und magnetischen Eigenschaften im Vordergrund, die meist direkte Konsequenz des inneren Aufbaus der Materie sind. Eine besondere Rolle spielen dabei Kristalle, deren regelmäßiger innerer Aufbau nicht nur wichtige Hinweise auf die Bindungskräfte im Festkörper gibt, sondern auch wesentliche Grundlage ihrer faszinierenden Eigenschaften ist. In der heutigen Vorstellung wird die Struktur der Kristalle durch ein Raumgitter der sie aufbauenden Atome oder Moelekűle vorgegeben. Man kann sich die Atome und Moleküle als Punkte im Raum vorstellen, die ein regelmäßiges, dreidimensionales Gitter bilden.

Frühe Arbeiten über die Struktur der Kristalle

Die erste modern erscheinende Aussage über den Aufbau der Kristalle stammt von Christiaan Huygens (1629–1695). Wie wir bereits erwähnt hatten, erklärte Huygens die im Jahr 1669 von Erasmus Bartholinus (1625–1698) entdeckte Doppelbrechung der Kalkspatkristalle durch unterschiedliche Brechungsindizes für die zwei Hauptpolarisationsebenen des Lichts. Als Ursache vermutete Huygens, dass der Kalkspat aus sehr vielen Teilchen aufgebaut sei, die nicht rund, sondern elliptisch sind, und somit die Unterschiede in den beiden Richtungen erklären.

Weitere Erklärungen für den inneren Aufbau, die dem heutigen Gittermodell sehr nahe kommen, lieferten der schwedische Chemiker und Mineraloge Torbern Olof Bergman (1735–1784) und der französische Mineraloge René Juste Haüy (1743–1822), die sich den Kristall aus einer Vielzahl von regelmäßigen „Ziegeln" aufgebaut dachten. Die Kantenneigung der Ziegel spiegelt dabei die bei Kris tallen auftretenden, unter bestimmten Winkeln geneigten Bruchebenen wider.

! Chronologie der Festkörperphysik

Christiaan Huygens (1629–1695), **René Juste Haüy** (1743–1822): Kristallstruktur

Edwin Herbert Hall (1855–1938): Klassischer Hall-Effekt (1879)

Pierre Curie (1859–1906): Curie-Temperatur beim Ferromagnetismus

Walther Friedrich (1883–1968), **Paul Knipping** (1883–1935), **Max von Laue** (1879–1960): Röntgenstrukturanalyse von Kristallen (1912)

Felix Bloch (1905–1983): Bändermodell für Halbleiter

Klaus von Klitzing (*1943): Quanten-Hall-Effekt (1980)

Horst L. Störmer (*1949), **Daniel C. Tsui** (*1939), **Robert B. Laughlin** (*1950): franktionierter Quanten-Hall-Effekt (1982/83)

Die Untersuchung der Kristallstruktur mit Röntgenstrahlen

Enormen Auftrieb erhielt die Forschung über Kristallstrukturen Anfang des 20. Jahrhunderts. Die von Wilhelm Conrad Röntgen (1845–1923) im Jahr 1895 entdeckten Röntgenstrahlen erwiesen sich als Segen für die Kristallforschung. Der Grund hierfür ist, dass die Wellenlänge der Röntgenstrahlen, die ja nichts anderes als kurzwellige elektromagnetische Wellen sind, im Bereich der typischen Gitterabstände in Kristallen liegt. Im Jahr 1912 entdeckten

Walther Friedrich (1883–1968) und Paul Knipping (1883–1935) auf Anregung von Max Felix Theodor von Laue (1879–1960), dass Kristalle auf Röntgenstrahlen wie ein Interferenzgitter wirkten. Damit ließen sich Röntgeninterferenzen von Kristallen beobachten, womit nicht nur die Gitterstruktur der Kristalle, sondern auch die Wellennatur der Röntgenstrahlung bewiesen war. Für seine Arbeiten zur Röntgenstrukturanalyse von Kristallen wurde Max von Laue im Jahr 1914 der Nobelpreis für Physik verliehen.

Der Magnetismus fester Körper

Magnetische Körper, wie z. B. magnetisches Eisen, sind schon seit dem Altertum bekannt. Dieses Phänomen wird nach dem lateinischen Wort Ferrum für Eisen als Ferromagnetismus bezeichnet. Im Jahr 1894 entdeckte Pierre Curie (1859–1906), der Ehemann von Marie Curie (1867–1934), dass ferromagnetische Substanzen oberhalb einer gewissen Temperatur ihre Magnetisierung verlieren. Diese Temperatur wird Curie-Temperatur genannt. Unterhalb der Curie-Temperatur kommt es zur spontanen, geordneten Ausrichtung der magnetischen Momente auf molekularer Ebene. Hierbei handelt es sich um ein quantenphysikalisches Phänomen. Neben dem (unterhalb der Curie-Temperatur dauerhaften) Ferromagnetismus gibt es noch eine Reihe weiterer Materialien, die magnetisch werden, wenn man sie in ein äußeres Feld bringt.

Halbleiter, Tor zu einer neuen Welt

Der wohl wichtigste Beitrag der Festkörperphysik zur physikalischen und technologischen Entwicklung ist die Erforschung der Halbleiter. Halbleiter sind Materialien wie z. B. Silizium, die in ihren Eigenschaften zwischen den Nichtleitern (oder Isolatoren) und den Leitern (z. B. den meisten Metallen) stehen. Grund für ihre Eigenschaften ist die Gitterstruktur. Quantenmechanische Rechnungen für das Verhalten eines Elektrons in einem Kristallgitter, wie sie z. B. von Felix Bloch (1905–1983) durchgeführt wurden, zeigen, dass es auf Grund der Periodizität des Kristalls zur Ausbildung von Energiebändern kommt. Im Valenzband ist das Elektron an die Atomrümpfe gebunden und trägt nicht zur Leitfähigkeit bei, im Leitungsband kann es wie im Metall als Träger der Stromleitung auftreten. Wichtig für die elektrischen Eigenschaften der Halbleiter ist nun v. a. die Breite der Energielücke zwischen den beiden Bändern. Auf Grund ihrer Eigenschaften eignen sich Halbleiter hervorragend zum Aufbau von elektronischen Schaltkreisen, ohne die die moderne Elektronik- und Computertechnik nicht denkbar wäre.

Der Quanten-Hall-Effekt

Bringt man eine Verbindung zweier bestimmter Halbleiter in ein starkes Magnetfeld und kühlt sie auf sehr niedrige Temperaturen ab, so beobachtet man Niveaus in der elektrischen Leitfähigkeit. Diese Quantisierung der Leitfähigkeit wurde im 1980 von Klaus von Klitzing (*1943) entdeckt, der für diesen Quanten-Hall-Effekt im Jahr 1985 den Nobelpreis für Physik erhielt. Der Name geht auf einen klassischen Effekt zurück, der im Jahr 1879 von Edwin Herbert Hall (1855–1938) entdeckt worden war. Im Jahr 1982 entdeckten Horst L. Störmer (*1949) und Daniel C. Tsui (*1939) eine Variante des Quanten-Hall-Effekts, bei denen Ladungsträger mit nicht ganzzahligen Elementarladungen aufzutreten schienen.

Dies wurde im Jahr 1983 von Robert B. Laughlin (*1950) im Rahmen der Quantenmechanik theoretisch erklärt. Störmer, Tsui und Laughlin wurden im Jahr 1998 mit dem Physik-Nobelpreis ausgezeichnet.

> **!** Chronologie der Relativitätstheorien
>
> **Albert Abraham Michelson** (1852–1931): keine Bewegung relativ zum Äther nachweisbar (1881/87)
> **George Francis Fitzgerald** (1851–1901), **Hendrik Antoon Lorentz** (1853-1928): Längenkontraktion (1892/95)
> **Hendrik Antoon Lorentz** (1853–1928): Lorentz-Transformation (1899)
> **Albert Einstein** (1879–1955): Spezielle (1905) und Allgemeine Relativitätstheorie (1915)
> **Karl Schwarzschild** (1873–1916): Schwarzes Loch als Lösung von Einsteins Gleichungen
> **Arthur Eddington** (1882–1944): Lichtablenkung bei Sonnenfinsternis (1919)
> **Russel Hulse** (*1950), **Joseph Taylor** (*1941): Binärpulsar strahlt Gravitationswellen ab

Die Relativitätstheorien

Der sicherlich bedeutendste Physiker des 20. Jahrhunderts war Albert Einstein (1879-1955), der mit seinen Relativitätstheorien unsere Vorstellungen von Raum und Zeit revolutionierte. Ausgangspunkt seiner Überlegungen waren Probleme der klassischen Physik am Ende des 19. Jahrhunderts, insbesondere im Zusammenhang mit der Elektrodynamik von bewegten Körpern.

Die Galilei-Transformation

Ende des 19. Jahrhunderts waren die von James Clerk Maxwell (1831–1879) aufgestellten Gleichungen der Elektrodynamik fest etabliert. Insbesondere die aus ihnen abgeleiteten elektromagnetischen Wellen, die sich mit der Lichtgeschwindigkeit c ausbreiten, waren Gegenstand der Forschung. Zur damaligen Zeit konnten sich die Physiker nicht vorstellen, dass sich elektromagnetische Wellen auch im Vakuum ausbreiten können. Sie stellten sich die Wellen als Schwingungen einer hypothetischen Substanz, dem Äther, vor, der die ganze Welt erfüllt und durchdringt.

Eine Reihe von Physikern und Mathematikern dachte damals über ein besonderes Problem nach, die Elektrodynamik bewegter Körper. Darunter versteht man die Frage, welche Form die Gleichungen der Elektrodynamik, die ja vom Bewegungszustand der Ladungen abhängen, in einem mit gleichförmiger Geschwindigkeit bewegten Bezugssystem haben. Zu den Forschern, die sich mit dieser Frage beschäftigten, gehörten George Francis Fitzgerald (1851–1901), Jules Henri Poincaré (1854–1912), Hendrik Antoon Lorentz (1853–1928) und Albert Einstein (1879–1955), die alle weit gehend unabhängig voneinander arbeiteten. Im Jahr 1881 geriet Bewegung in diese Frage, als Albert Abraham Michelson (1852–1931) einen Versuch zum Nachweis der Bewegung der Erde relativ zum Äther durchführte. Das geniale Experiment bestimmte die Geschwindigkeit des Lichts einmal in Bewegungsrichtung der Erde und einmal senkrecht dazu.

Michelson scheiterte: Die Geschwindigkeit des Lichts schien in alle Richtungen gleich zu sein.Michelson wiederholte das inzwischen verbesserte Experiment im Jahr 1887 zusammen mit Edward William Moreley, konnte aber wiederum keine Bewegung der Erde relativ zum Äther nachweisen. Das Michelson-Moreley-Experiment sollte einer der Auslöser für die Aufstellung der Speziellen Relativitätstheorie sein.

In den Jahren 1892 und 1895 hatten Hendrik Antoon Lorentz und George Francis Fitzgerald unabhängig voneinander eine verrückte Idee, woher das negative Ergebnis des Michelson-Morley-Experimentes kommen könnte. Sie vermuteten, dass schnell bewegte Körper eine Verkürzung in Bewegungsrichtung erfahren, die heute als Längenkontraktion bekannt ist. Sie nahmen damit eine wichtige Vorhersage von Einsteins Spezieller Relativitätstheorie vorweg.

Lorentz ging noch weiter. Im Jahr 1899 zeigte er, dass die Maxwell-

Gleichungen ihre Form verändern, wenn man sie mittels der klassischen Galilei-Transformation von einem ruhenden System in ein gleichförmig bewegtes System transformiert. Lorentz, der an die universelle Gültigkeit der Maxwell-Gleichungen glaubte, entdeckte eine heute nach ihm Lorentz-Transformation benannte Vorschrift, wie Orts- und Zeitkoordinaten transformiert werden, ohne dass die Maxwell-Gleichungen sich ändern. Auch die Lorentz-Transformation sollte ein wichtiges Element der Speziellen Relativitätstheorie werden.

Die Spezielle Relativitätstheorie

In seinem „Wunderjahr" 1905, in dem er u. a. die Lichtteilchen physikalisch etablierte und die Brownsche Molekularbewegung analysierte, veröffentlichte Albert Einstein (1879–1955) seine Arbeit über die Elektrodynamik bewegter Körper, die man heute als Spezielle Relativitätstheorie bezeichnet. Drei Annahmen liegen ihr zu Grunde: Erstens fordert Einstein, dass Grundgleichungen der Physik wie die Maxwell-Gleichungen in allen gleichförmig bewegten Systemen die gleiche Form haben (Relativitätsprinzip). Zweitens stellt Einstein die Hypothese auf, dass die Lichtgeschwindigkeit c in allen Systemen, unabhängig von ihrer Bewegung, immer den gleichen Wert hat (Konstanz der Lichtgeschwindigkeit). Drittens postuliert Einstein, dass es keinen Äther gibt. Eine Folgerung daraus ist, wie schon Hendrik Antoon Lorentz gezeigt hatte, dass Orts- und Zeitkoordinaten mittels der Lorentz-Transformation von einem System in ein anderes übertragen werden können müssen. Aus der Speziellen Relativitätstheorie ergeben sich wichtige Konsequenzen. So folgt die bereits von Fitzgerald und Lorentz postulierte Längenkontraktion bewegter Körper. Auch die Vorstellung von Gleichzeitigkeit ändert sich: Zwei Vorgänge, die einem Beobachter als gleichzeitig erscheinen, sind für einen anderen, der sich relativ zum ersten bewegt, keineswegs gleichzeitig. So ungewohnt, ja absurd einem das erscheinen mag, viele Vorhersagen der Speziellen Relativitätstheorie lassen sich durchaus experimentell überprüfen und haben die Theorie glänzend bestätigt.

Masse-Energie-Äquivalenz: $E = m c^2$

Einsteins wohl berühmteste Formel besagt, dass die Energie und die Masse eines Körpers äquivalent (gleichwertig) sind und sich über das Quadrat der Lichtgeschwindigkeit c ineinander umrechnen lassen. Dies hat wichtige Konsequenzen, z. B. für die Energiefreisetzung bei Kernreaktionen. Hierzu ein Beispiel: Im Innern der Sonne werden vier Wasserstoffkerne (Protonen) zu einem Helium-Kern verschmolzen. Die Summe der Massen der vier Protonen beträgt 4,0313 atomare Masseeinheiten, die Masse des Helium-Kerns aber nur 4,0026 atomare Masseeinheiten. Woher kommt dieser Massenunterschied? Er kommt aus der Bindungsenergie des Heliums, die beim Verschmelzen frei wird. Es ist genau diejenige Energie, die man aufwenden müsste, um den Helium-Kern wieder in seine Bestandteile zu zerlegen. Die bei der Fusion auftretende Massendifferenz wird also in Form von Energie frei, die von der Sonne abgestrahlt wird und das Leben auf der Erde erst ermöglicht.

Die Allgemeine Relativitätstheorie

Mit der Allgemeinen Relativitätstheorie stellte Albert Einstein im Jahr 1915 eine neue Theorie der Gravitation auf. Das Grundprinzip der Allgemeinen Relativitätstheorie ist eine enge Wechselwirkung zwischen Massen und dem sie umgebenden Raum. So kann eine Masse den Raum um sie herum „krümmen" und dadurch auf andere Massen in einer Weise wirken, die der Graviationsanziehung der Massen unterliegt. Andererseits wird sie selbst natürlich auch auf diese Art von anderen Massen in ihrer Umgebung beeinflusst. Ein Beispiel: Im Sonnensystem führt die große Masse der Sonne zu einer lokalen Krümmung des Raumes. Auf die Planeten wiederum wirkt diese Krümmung wie eine anziehende Kraft, die Gravitationskraft. Sie wirkt im übrigen nach Einstein nicht nur auf Massen, sondern auch auf das Licht, das in der Nähe von massereichen Körpern eine Ablenkung erfährt. Für die Astrophysik ist die Allgemeine Relativitätstheorie von fundamentaler Bedeutung, da sie die Beschreibung der Entwicklung des Universums erlaubt. Ein weiterer wichtiger Aspekt ist die Tatsache, dass Isaac Newtons (1643–1727) Gravitationstheorie nur einen Näherungsfall darstellt, der bei sehr großen Massen bzw. sehr nahe an Massen nicht mehr gilt. Obwohl die Newtonsche Himmelsmechanik im Sonnensystem sagenhafte Erfolge gefeiert hat, so

! Lichtablenkung an der Sonne

Arthur Eddington (1882–1944) war der erste, der die von Einstein vorhergesagte Lichtablenkung am Rand der Sonne während der Sonnenfinsternis von 1919 bestätigte und damit der Allgemeinen Relativitätstheorie mit zum Durchbruch verhalf.

versagte sie doch beim innersten Planeten, dem Merkur, dessen Bahndrehung nur durch Einsteins Theorie erklärt werden kann. Auch die korrekte Beschreibung von Schwarzen Löchern, Himmelskörpern, die so massereich sind, dass nicht einmal das Licht entweichen kann, geschieht im Rahmen der Allgemeinen Relativitätstheorie. Weiterhin ist die Tatsache, dass auch Licht der Gravitationsanziehung unterliegt, eine wichtige Vorhersage von Einsteins Theorie, die bei der Lichtablenkung an massereichen Körpern (z. B. an der Sonne) und beim Gravitationslinseneffekt hervorragend bestätigt wurde.

! Die Periheldrehung des Merkur

Relativistische Abweichungen vom Newtonschen Gravitationsgesetz lassen sich bereits im Sonnensystem beobachten. Die Bahnellipse des Planeten Merkur bleibt nicht stabil im Raum, vielmehr dreht sich die Verbindungslinie von größtem und kleinstem Sonnenabstand (Perihel bzw. Aphel) langsam um die Sonne, was schon 1859 von Urbain Jean Joseph Leverrier (1811–1877) entdeckt worden war. Diese Periheldrehung kann nicht allein durch die Bahnstörungen durch die Anziehungskraft der anderen Planeten erklärt werden, sondern findet erst in Einsteins Allgemeiner Relativitätstheorie eine Erklärung.

Gravitationswellen

Eine weitere Vorhersage von Albert Einsteins Allgemeiner Relativitätstheorie ist die Abstrahlung von Gravitationswellen durch beschleunigte Massen. Gravitationswellen sind Änderungen der Raumzeit, die sich mit Lichtgeschwindigkeit ausbreiten. Ein indirekter Nachweis von Gravitationswellen gelang über die Messung der Verlangsamung der Periode eines Binärpulsars.

Nach der Allgemeinen Relativitätstheorie entstehen Gravitationswellen immer dann, wenn Massen beschleunigt werden. Da der Effekt aber sehr klein ist, erhoffen sich die Astronomen nur von sehr schnellen Beschleunigungen sehr großer Massen ein nachweisbares Signal. Typische Kandidaten hierfür wären z. B. Supernovaereignisse, die Explosionen von Sternen, zwei umeinander kreisende Neutronensterne oder Schwarze Löcher, oder die supermassiven Schwarzen Löcher in den Zentren der Galaxien.

Ein direkter Nachweis von Gravitationswellen aus den Tiefen des Universums über die Messung der Länge zwischen zwei Massen steht noch aus. Der Grund hierfür ist, dass der Effekt sehr klein ist.

Schon gewusst?

Ein Doppelsternsystem aus zwei Pulsaren stellt ein wunderbares Testlabor für Einsteins Allgemeine Relativitätstheorie dar: Auf Grund der streng periodischen Oszillationen der Pulsare lässt sich die Bahngeometrie des Systems mit hoher Präzision vermessen. Die Theorie sagt voraus, dass der Binärpulsar Energie in Form von Gravitationswellen abstrahlt. Die gemessene Energieabstrahlung stimmt genau mit den Vorhersagen überein. Für diese überaus wichtigen Arbeiten erhielten Russel Hulse (*1950) und Joseph Taylor (*1941) den Physik-Nobelpreis des Jahres 1993.

Man kann ihn im Prinzip nachweisen, indem man den Abstand zweier Massen genau misst. Trifft eine Graviationswelle auf die beiden Massen, so verändert sich der Abstand der beiden Massen zueinander. Diese Abstandsänderung ist aber so klein, dass sie nur mithilfe von hochpräzisen Apparaturen gemessen werden kann. Im Augenblick wird mit Hochdruck an entsprechenden Detektoren gearbeitet, aber bis jetzt steht eine Entdeckung noch aus. Ein Problem dabei sind Erschütterungen der Umgebung: Ein am Detektor vorbeifahrender Lastwagen erzeugt Vibrationen, die die winzigen Signale aus den Tiefen des Weltalls zu übertönen drohen.

Schwarze Löcher

Wohl kaum ein anderer physikalischer Begriff fasziniert die breite Öffentlichkeit mehr als der des Schwarzen Lochs. Im Jahr 1784 spekulierte der englische Geologe und Astronom John Michell (1724–1793) auf der Basis von Isaac Newtons (1642–1727) Teilchentheorie des Lichts, dass es sehr massereiche Himmelskörper geben könnte, deren Gravitationsanziehung so groß ist, dass die Lichtteilchen nicht von ihnen entweichen können. Diese seltsamen Objekte erlangten 1916 erneute Aufmerksamkeit, als Karl Schwarzschild (1873–1916) das Schwarze Loch als eine Lösung der Gleichungen von Albert Einsteins (1879–1955) Allgemeiner Relativitätstheorie erkannte. Eine Konsequenz aus Einsteins Relativitätstheorie ist es ja, dass selbst Licht der Gravitationsanziehung von Massen unterliegt. Diese spezielle Lösung wurde damals aber eher als Kuriosität betrachtet. Im Jahr 1939 stellten die Physiker allerdings fest, dass der Kollaps sehr massereicher Sterne tatsächlich ein derartiges Objekt hervorbringen könnte. Endgültigen Ruhm erlangten diese sonderbaren Himmelskörper, als im Jahr 1968 John Archibald Wheeler

Stephen Hawking

(*1911) den einprägsamen Begriff Schwarzes Loch erfand. Stephen William Hawking (*1942) hat die Theorie der Schwarzen Löcher entscheidend erweitert. Sehr massereiche Schwarze Löcher konnten bereits in den Zentren vieler Galaxien nachgewiesen werden.

Die Bedeutung der Allgemeinen Relativitätstheorie für die Kosmologie

Die Entwicklung des Universums an sich läßt sich nur im Rahmen der Allgemeinen Relativitätstheorie verstehen. Die zeitliche Entwicklung des Universums an sich wird meist mit den Friedmann-Lemaître-Gleichungen berechnet. Diese sind nach dem russischen Mathematiker Alexander Friedmann (1888–1925) und dem belgischen Astronomen Abbé Lemaître (1894–1966) benannt, die sie unabhänging voneinander formuliert haben. Sie beschreiben eine Klasse von Modellen für die Dynamik des Universums. Die Friedmann-Lemaître-Gleichungen lassen sich unter der Annahme eines homogenen und isotropen Universums aus den so genannten Feldgleichungen in Einsteins Allgemeiner Relativitätstheorie herleiten.

Als sich Albert Einstein im Jahr 1916 daran machte, aus seiner Allgemeinen Relativitätstheorie Modelle für das Universum zu konstruieren, war die Meinung vorherrschend, dass das Universum sich im Laufe der Zeit nicht ändere, also statisch sei. Um ein derartiges statisches Universum mit den Gleichungen seiner The-

? Schon gewusst?

Ein wichtiges Beispiel für die Bedeutung Schwarzer Löcher sind die Quasare, die sehr hellen Zentralbereiche einiger Galaxien. Die Helligkeit eines Quasars kann größer sein als die der ihn umgebenden Galaxie! Die Energiequelle eines Quasars ist dabei ein supermassives Schwarzes Loch im Zentrum der Galaxie, das Materie seiner Umgebung anzieht.
Die Materie sammelt sich dabei in einer Scheibe, der so genannten Akkretionsscheibe, in der sie nach innen zum Schwarzen Loch transportiert wird. Die dabei freiwerdende Gravitationsenergie gibt der Quasar u. a. als elektromagnetische Strahlung ab.

orie in Einklang zu bringen, musste Einstein eine zusätzliche Größe in seine Formeln einführen. Diese Größe ist die berühmte Kosmologische Konstante, die man sich als eine Art kosmologische Abstoßungskraft vorstellen kann. Die Kosmologische Konstante sorgt dafür, dass das Universum nicht in sich zusammenfällt.

Als Edwin Hubble (1889–1953) nur wenig später entdeckte, dass sich die Galaxien im Universum voneinander entfernen, und dies als Evidenz für eine allgemeine Ausdehnung des Universums interpretiert wurde, brauchte man keine statischen Modelle mehr. Einstein, der ohnehin nie recht glücklich mit der Kosmologischen Konstanten war, weil sie die Schönheit seiner Gleichungen zu stören schien, verwarf diese darauf hin und bezeichnete sie später als seine „größte Eselei".

In den letzten Jahrzehnten haben sich jedoch die Hinweise verdichtet, dass es neben der uns bekannten gewöhnlichen Materie, die nur etwa 4 % zur Gesamtenergiedichte des Universums beiträgt, und der etwa 23 % umfassenden Dunklen Materie noch eine andere Energieform geben muss, nämlich die so genannte Dunkle Energie, die mehr als 70 % der im Universum vorhandenen Energiedichte einnimmt. Dies kann man beispielsweise aus der Ausdehnung des Universums und aus dem kosmischen Mikrowellenhintergrund ableiten. Im Sinne der Einsteinschen Gleichungen lässt sich diese Dunkle Energie wiederum als Kosmologische Konstante interpretieren, womit Einsteins „größte Eselei" Jahrzehnte später ihre Wiedergeburt feierte.

Hubbleteleskop

Elementarteilchen

Die Erforschung der kleinsten Bausteine unserer Welt, der Elementarteilchen, blieb mit der Entschlüsselung des Atomaufbaus und der Struktur der Atomkerne nicht stehen, sondern nahm eigentlich erst ihren Anfang. Die Entdeckung vieler neuer Teilchen, die Erkenntnis, dass die Protonen und Neutronen im Kern wiederum aus kleineren Teilchen aufgebaut sind, und wichtige Einblicke in die Wirkungsweise der fundamentalen Kräfte in der Natur kennzeichnen diese spannende

Entwicklung, die wir im letzten Abschnitt dieses Buches erzählen wollen.

Gibt es Antimaterie?

Im Jahr 1928 arbeitete der britische Physiker Paul Adrien Maurice Dirac (1902–1984), der uns schon durch seine elegant-abstrakte Formulierung der Quantenmechanik aufgefallen ist, eine quantenmechanisch-relativistische Beschreibung des Elektrons aus. Eine seltsame Konsequenz seiner Theorie war das Auftreten von negativen Energiezuständen, die ihn dazu verleitete, die Existenz eines Antiteilchens des Elektrons, das Positron, zu postulieren, das die gleiche Masse wie das Elektron, ansonsten aber entgegengesetzte Eigenschaften (z. B. Ladung, Eigendrehimpuls) hat. Man kann diese Forderung auch auf andere Teilchen und damit auf alle Materie ausdehnen. Die „normale" Form der Materie, aus der unsere Umgebung besteht, bezeichnet man als Materie, ihr Gegenstück als Antimaterie. Die Antimaterie

! Chronologie der Teilchenphysik

Viktor Franz Hess (1883–1964): kosmische Strahlung (1911/1912)
Paul Dirac (1902–1984): Vorhersage des Positrons (1928)
Wolfgang Pauli (1900–1958): Vorhersage des Neutrinos (1931)
Carl David Anderson (1905-1991): Nachweis des Positrons (1932)
Patrick Maynard Stuart Blackett (1897–1974): Paarbildung (1933)
Hideki Yukawa (1907–1981): Theorie der starken Kraft, Vorhersage des Pi-Mesons (1935)
Carl David Anderson (1905-1991), **Seth Henry Neddermeyer** (*1907): Entdeckung des Myons (1937)
Shin-Ichiro Tomonaga (1906–**1979**), **Julian Schwinger** (1918–1994), **Richard Feynman** (1918–1988): Quantenelektrodynamik (1940er-Jahre)
Cecil Frank Powell (1903–1969): Entdeckung des Pi-Mesons (1947)
Frederick Reines (*1918): Entdeckung des Neutrinos (1956)
Murray Gell-Mann (*1929), **George Zweig** (*1937): Quarksmodell (1964)
Steven Weinberg (*1933), **Abdus Salam** (*1926), **Sheldon Lee Glashow** (*1932): die sogenannte elektroschwache Vereinheitlichung (1967)
Murray Gell-Mann (*1929), **Steven Weinberg** (*1933), **Harald Fritzsch** (*1943): Quantenchromodynamik (1970er-Jahre)
Sheldon Lee Glashow (*1932), **Howard Georgi** (*1947): Vereinheitlichung von elektroschwacher und starker Kraft

Schon gewusst?

Als Viktor Franz Hess (1883–1964) in den Jahren 1911/12 aus einem Heißluftballon die Elektrisierung der Luft maß, stellte er fest, dass diese überraschend mit der Höhe zunimmt. Er schlussfolgerte, dass dies durch eine Höhenstrahlung oder Kosmische Strahlung verursacht wird, welche die Erde aus dem Weltraum erreicht. In der Tat weiß man heute, dass die Erde ständig von geladenen Teilchen (z. B. aus Supernovaexplosionen) getroffen wird. Viktor Hess erhielt 1936 für seine Forschungen zur Kosmischen Strahlung den Nobelpreis für Physik.

konnte, wie wir noch sehen werden, später experimentell eindeutig nachgewiesen werden. Das Positron (also das Anti-Elektron) wurde im Jahr 1932 von Carl David Anderson (1905–1991) in der kosmischen Strahlung nachgewiesen, wofür er zusammen mit Viktor Hess (1883–1964), dem Entdecker der kosmischen Strahlung, den Physik-Nobelpreis erhielt.
Trifft Antimaterie auf Materie, so zerstrahlen beide und setzen dabei ungeheure Energien frei. Eventuell vorhandene Antimaterie würde sich demnach sofort bemerkbar machen. Da wir bisher die aus dieser Reaktion stammende Gammastrahlung nicht beobachten konnten, scheint höchstens ein Millionstel der Materie im Universum aus Antimaterie zu bestehen.
Zwar finden wir in der kosmischen Strahlung aus energiereichen Teilchen gelegentlich Antiteilchen, aber diese stammen wohl aus energiereichen Reaktionen normaler Teilchen. Man glaubt daher, dass es im Universum keine größeren natürlichen Vorkommen von Antimaterie gibt. Offenbar ist diese Asymmetrie zwischen Materie und Antimaterie bereits kurz nach dem Urknall entstanden. In der Frühphase des Universums war der Kosmos von Strahlung ausgefüllt. Die Strahlung war so energiereich, dass sich gelegentlich durch Paarbil-

Paarbildung

Trifft ein Teilchen auf sein Antiteilchen, so zerstrahlen beide. Doch der Prozess funktioniert auch umgekehrt: Ein sehr energiereiches Gammaphoton kann bei der Wechselwirkung mit einem schweren Teilchen auch ein Teilchen-Antiteilchen-Paar erzeugen, ein Phänomen, das man als Paarbildung bezeichnet. Die Bildung von Elektron-Positron-Paaren wurde erstmals 1933 von Patrick Maynard Stuart Blackett (1897-1974) beobachtet.

dung Paare von Teilchen und Antiteilchen bildeten, die dann wieder zerstrahlten. Hätte im frühen Universum eine exakte Symmetrie von Teilchen und Antiteilchen geherrscht, dann wären alle Teilchen zerstrahlt. Offenbar führte eine winzige Asymmetrie zwischen Materie und Antimaterie zu einem Überschuss von normaler Materie, aus der wir alle bestehen. Wodurch diese Asymmetrie aber erzeugt wurde, ist noch völlig ungeklärt.

Das geheimnisvolle Neutrino

Um das Jahr 1930 bereitete den Physikern der radioaktive Beta-Zerfall einiges Kopfzerbrechen. Beim Beta-Zerfall wandelt sich im Kern ein Neutron in ein Proton um, die überschüssige negative Ladung verlässt in Form eines Elektrons den Kern. Das Problem bestand nun darin, dass die Energie des Kerns vor und nach dem Zerfall wohl bekannt war und einer festen Energiedifferenz entsprach. Entgegen der Erwartung entsprach die Bewegungsenergie des freigesetzten Elektrons aber nicht dieser Energiedifferenz, sondern nahm alle möglichen Werte an, mit der Energiedifferenz als Maximalenergie. Dieses kontinuierliche Energiespektrum der Elektronen beim Beta-Zerfall veranlasste einige Physiker sogar dazu, an der Gültigkeit des universalen Energiesatzes zu zweifeln. Wolfgang Pauli (1900–1958) allerdings hielt an diesem Grundprinzip der Physik fest und stellte im Jahr 1931 die Vermutung auf, dass beim Beta-Zerfall neben dem Elektron noch ein leichtes, elektrisch neutrales Elementarteilchen freigesetzt wird. Die Energiedifferenz des Kerns vor und nach dem Zerfall verteilt sich dann auf das Elektron und das hypothetische Teilchen, und der Energiesatz bleibt gewahrt. Paulis hypothetisches Teilchen, das bald Neutrino genannt wurde, wurde erst im Jahr 1956 von Frederick Reines (*1918) gefunden, wofür er im Jahr 1995 neben Martin Perl den Physik-Nobelpreis erhielt.

Das solare Neutrinoproblem und Neutrinooszillation

Bei der Kernfusion in der Sonne entstehen Neutrinos, die nur sehr schwach mit Materie wechselwirken. Seit den Pionierarbeiten von Raymond Davis Jr. (*1914, Nobelpreis 2002) in den 1960er-Jahren messen riesige Detektoren unter der Erde den Neutrinofluss von der Sonne. Dabei wurden immer nur etwa ein Drittel der erwarteten Neutrinos gemessen: Das solare Neutrinoproblem wurde geboren. Erst kürzlich konnte nachgewiesen werden, dass die Schuld nicht bei den Astro- sondern bei den Teilchenphysikern liegt. Wäh-

? Schon gewusst?

Im Jahr 1987 explodierte in der Großen Magellanschen Wolke, einer Nachbargalaxie der Milchstraße, ein Stern als Supernova. Nach der Theorie entstehen bei der Explosion einer Supernova Neutrinos, die für die Supernova von 1987 erstmals nachgewiesen werden konnten, wofür der japanische Physiker Masatoshi Koshiba (*1926) im Jahr 2002 auch den Physik-Nobelpreises erhielt.

rend Neutrinos früher als masselos angesehen wurden, wissen wir heute, dass sie eine kleine Masse haben. Dies führt dazu, dass die drei Neutrinoarten sich ineinander umwandeln können (so genannte Neutrinooszillation), was den zu kleinen gemessenen Neutrinofluss von der Sonne erklärt.

Pi-Mesonen und Myonen

Im Jahr 1935 stellte der japanische Physiker Hideki Yukawa (1907–1981) eine Theorie der Kernkräfte auf. Sie beruht auf einem neuartigen und in der Teilchenphysik später sehr bedeutsamen Konzept: Er beschrieb die Kraftwirkung zwischen Teilchen als Austauschprozess anderer Teilchen. Nach Yukawa sollte die Kernkraft durch bislang unbekannte Teilchen, die so genannten Pi-Mesonen übertragen werden. Diese Teilchen wurden tatsächlich im Jahr 1947 von Cecil Frank Powell (1903–1969) in der kosmischen Strahlung entdeckt. Für seine Beiträge zur Teilchenphysik erhielt Yukawa den Physik-Nobelpreis des Jahres 1949, während Powell den des Jahres 1950 zugesprochen bekam.

Cecil Frank Powell

Ein weiteres bislang unbekanntes Teilchen wurde im Jahr 1937 gefunden - wiederum in der kosmi-

! Leptonen, Mesonen und Baryonen

Heute teilt man die Vielzahl der Elementarteilchen grob nach ihrer Masse ein. Die Leptonen, zu denen u. a. Elektron, Positron und die Neutrinos zählen, sind die leichtesten Teilchen. Die Mesonen sind mittelschwer, und die Baryonen (z. B. das Proton und das Neutron) zählen zu den schwereren Elementarteilchen.

schen Strahlung. Es handelt sich um das Myon, das von Carl David Anderson (1905–1991) und Seth Henry Neddermeyer (*1907) entdeckt wurde. Das Myon ist ein Zerfallsprodukt des Pi-Mesons und zerfällt selbst in ein Elektron bzw. Positron und Neutrinos, wie man Ende der 1930er-Jahre herausfand.

Die Quantenelektrodynamik

Nach der quantenmechanisch-relativistischen Beschreibung des Elektrons durch Paul Adrien Maurice Dirac (1902–84) im Jahr 1928 wandten sich viele Physiker der Suche nach einer relativistischen Theorie der quantenmechanischen Wechselwirkung zwischen elektromagnetischer Strahlung und Teilchen zu. Diese Theorie, die als Quantenelektrodynamik bekannt wurde, sollte mit ihren mathematischen Methoden die Grundlage für alle späteren Beschreibungen der theoretischen Teilchenphysik werden. Ausgearbeitet wurde die Quantenelektrodynamik in den 1940er-Jahren u. a. von Shin-Ichiro Tomonaga (1906–1979), Julian Seymour Schwinger (1918–1994) und Richard Phillips Feynman (1918–1988), wofür man ihnen im Jahr 1968 den Nobelpreis für Physik verlieh. Insbesondere die von Feynman 1948 eingeführten Rechenverfahren für Wechselwirkungen zwischen Teilchen und ihre anschauliche Darstellung in den so genannten Feynman-Grafen, die er 1949 einführte, trugen zur Vollendung dieser Theorie bei. Die Vorhersagen der Quantenelektrodynamik konnten experimentell mit hoher Genauigkeit bestätigt werden.

Die Entwicklung von Teilchenbeschleunigern

Gewaltige Fortschritte machte die Teilchenphysik seit der Entwicklung von Beschleunigern. Ein Teilchenbeschleuniger ist, wie der Name schon sagt, eine Maschine, die Elementarteilchen auf sehr hohe Geschwindigkeiten (und damit Energien) beschleunigt. Die Teilchen werden auf andere Teilchen geschossen, wo es zu teilchenphysikalischen Reaktionen kommt, die wiederum neue, z. T. unbekannte Teilchen erzeugen.

Wie beschleunigt man Teilchen? Man verwendet hierfür eine Kombination von elektrischen und magnetischen Feldern, wobei das elektrische Feld die eigentliche Beschleunigung verursacht. Wir wissen ja, dass gleichnamige elektrische Ladungen sich abstoßen, während verschiedene Ladungen sich anziehen. Stellen wir uns nun zwei Metallplatten vor, von denen die eine positiv, die andere negativ geladen ist. Bringt man nun ein (negativ geladenes) Elektron zwischen die Platten, so wird es von der negativen Platte abgestoßen, von der positiven Platte aber angezogen: Zwischen den Platten herrscht ein elektrisches Feld, das auf das Elektron eine beschleunigende Kraft ausübt. Nach diesem Prinzip bauen die Physiker große Teilchenbeschleuniger, mit denen sich im Laufe der Zeit immer höhere Energien und immer neue Teilchen erzeugen ließen. Mithilfe der Teilchenbeschleuniger entdeckten die Physiker immer mehr Teilchen. Dutzende von Baryonen und Mesonen wurden gefunden, ein wahrer Zoo von Elementarteilchen. Es war klar, dass wir noch nicht am Ende unserer Erkenntnis angelangt waren, sondern dass unsere Vorstellung vom Aufbau der Materie lückenhaft war. Die Lücke wurde schließlich geschlossen, als man herausfand, dass Mesonen und Baryonen aus noch kleineren Teilchen aufgebaut sind, den Quarks.

Die seltsame Welt der Quarks

Im Jahr 1961 erkannten die Physiker Murray Gell-Mann (*1929) und Yuval Ne'eman (*1925) unabhängig voneinander, dass sich die verwirrende Vielfalt der Baryonen ordnen ließ: Durch Einführung von acht Quantenzahlen konnten die Baryonen in Familien gruppiert werden. Sogar noch nicht gefundene Baryonen ließen sich mit diesem Modell vorhersagen. Eine anschauliche Interpretation für dieses mathematische Modell lieferten, wiederum unabhängig voneinander, Gell-Mann und George Zweig (*1937) dann im Jahr 1964: Die Mesonen und Baryonen sind aus Untereinheiten aufgebaut, die Gell-Mann nach einem Begriff aus einem Roman von James Joyce (1882–1941) als Quarks bezeichnete. Für seine Beiträge zur Teilchenphysik erhielt Murray Gell-Mann im Jahr 1969 den Physik-Nobelpreis.

Es gibt sechs verschiedene Quarks, die man als „up" (u), „down" (d), „bottom" (b), „top" (t), „strange" (s) und „charm" (c) bezeichnet. Im Gegensatz zu anderen Elementarteilchen tragen Quarks keine ganzzahligen Elementarladungen, sondern Drittelladungen: u, c und t tragen die elektrische Ladung +2/3, d, s, und b die Ladung -1/3. Wie alle Elementarteilchen hat jedes Quark auch ein zugehöriges Antiquark. Das wichtige Ordnungsprinzip des Quarkmodells besteht nun darin, dass alle Mesonen (die „mittelschweren" Teilchen) aus einem Quark-Antiquark-Paar bestehen (das positiv galadene Pi-Meson zum Beispiel aus einem up-Quark und einem Anti-down-Quark), während die Baryonen aus je drei Quarks bestehen. Wichtiges Beispiel hierfür sind die Kernbausteine, die Protonen und Neutronen, die aus uud bzw. udd aufgebaut sind. Damit ist sofort klar, warum es eine derartige Fülle von Mesonen und Baryonen gibt: Es handelt sich um alle möglichen zusammengesetzten Quark-Zustände. Dass Protonen in der Tat eine Substruktur haben, konnte in Experimenten an Beschleunigern im Jahr 1969 nachgewiesen werden.

Quarks haben eine Reihe von seltsamen Eigenschaften. Die wichtigste ist die, dass noch niemand in irgendeinem Experiment ein freies Quark beobachten konnte. Auf Grund ihrer Drittelladung müssten sich Quarks leicht über ihr Verhalten in elektromagnetischen Feldern nachweisen lassen, doch dies blieb bis heute erfolglos. Das bedeutet freilich nicht, dass es die Quarks nicht gibt. Es scheint nur so zu sein, dass die Erzeugung eines freien Quarks nicht möglich ist. Man kann es sich so vorstellen: Versucht man, die beiden Quarks in einem Meson zu trennen, so benötigt man dafür so viel Energie, dass sich ein weiteres Quark-Antiquark-Paar bildet, das mit den beiden ursprünglichen Quarks sofort zwei Mesonen bildet. Diese Eigenschaft der Quarks bezeichnet man als Confinement (engl. Eingesperrtsein).

Die Quantenchromodynamik

Bald stellte sich heraus, dass das Quarkmodell in seiner bisherigen Form einige Schwierigkeiten hatte. So widerspricht die Zusammensetzung einiger Baryonen, die ja aus drei Quarks bestehen, dem Pauli-Prinzip, wonach Fermionen nicht in allen Quantenzahlen übereinstimmen können. Dieses und andere Probleme lassen sich umgehen, wenn man den Quarks eine weitere Eigenschaft, die Farbe zuschreibt. (Dies hat natürlich nichts mit der Farbe im herkömmlichen Sinn zu tun, sondern ist nur ein Name für eine Eigenschaft!) Nach dieser Hypothese treten die sechs bekannten Quarks in jeweils drei verschiedenen Farben (rot, blau und grün) auf. Wechselwirkungen zwischen den Quarks werden durch Austauschteilchen, den so genannten Gluonen, vermittelt. Die theoretische Beschreibung dieser Prozesse, die so genannte Quantenchromodynamik, wurde von Murray Gell-Mann (*1929), Steven Weinberg (*1933) und Harald Fritzsch (*1943) ausgearbeitet und hat sich bisher in Experimenten hervorragend bewährt.

Register